K.-J. Euler

Batterien und Brennstoffzellen

Aufbau Verwendung Chemie

Mit 66 Abbildungen

Springer-Verlag
Berlin Heidelberg New York 1982

Prof. Dr. Ing. Karl-Joachim Euler
Technische Physik, FB 18, Gesamthochschule Kassel
Postfach 101380, 3500 Kassel

ISBN-13: 978-3-642-68501-9 e-ISBN-13: 978-3-642-68500-2
DOI: 10.1007/978-3-642-68500-2

CIP-Kurztitelaufnahme der Deutschen Bibliothek

Euler, Karl-Joachim:
Batterien und Brennstoffzellen : Aufbau, Verwendung, Chemie / K.-J. Euler. –
Berlin ; Heidelberg ; New York : Springer, 1982.

Softcover reprint of the hardcover 1st edition 1982

2152/3140-543210

Meiner Frau
Ursula Euler, geb. Scherping
31. 7. 1923 - 25. 2. 1982
als Dank für fast 36 Jahre glücklicher Ehe
gewidmet

Vorwort

Die elektrochemischen Stromquellen, seien es Batterien, Akkumulatoren oder Brennstoffzellen, haben am Beginn der heutigen Elektrotechnik gestanden. Viele Batteriesysteme sind hundert Jahre alt. Trotzdem gibt es noch attraktive Aufgaben für die Forschung und neue Probleme für die Entwicklung. Die Anstrengungen im Bereich der Batterieforschung und -entwicklung sind nie größer gewesen als in unseren Tagen.

Andererseits ist der allgemeine Wissensstand über dieses interessante und wichtige Gebiet gering. Der Ingenieur hat oft keine rechte Vorstellung von den Vorgängen in den Batterien, der Breite der Angebotspalette, den Möglichkeiten zur Verbesserung und von dem, was bereits erreicht ist. Der Hochschul-Unterricht wird häufig nur auf die Reaktionsgleichung der Zellreaktion abgestellt, meist noch ohne Rücksicht auf die thermodynamischen Gegebenheiten und auf die realen Grenzen als Folge von Nebenbedingungen. Hauptziel dieses Buches ist deshalb die Vermittlung des technischen Standes des Gebietes, daneben auch ein wenig Werbung um Verständnis für die "Batterie-Leute", zu denen der Verfasser seit 35 Jahren gehört.

Neben den normalen Forschungs- und Entwicklungszielen gibt es bei den elektrochemischen Stromquellen einige Besonderheiten. Neue Anwendungsgebiete sind vielfach der Anlaß für umfangreiche Arbeiten, ebenso natürlich Rationalisierung, steigende Energie- und Rohstoffpreise und wachsendes Umweltbewußtsein. Das Bundesministerium für Forschung und Technologie fördert die elektrochemischen Stromquellen im Rahmen seines Energieprogrammes; der Verfasser ist seit Jahren Mitglied des Sachverständigenkreises für Elektrochemische Energietechnik. Auch die deutsche Batterie-Industrie wendet erhebliche Mittel dafür auf.

Man darf den Fertigungs-Umsatz in der Bundesrepublik Deutschland im Jahr 1978 für Primärbatterien und Akkumulatoren zusammen auf rund 1300 Mio DM veranschlagen. Die Steigerungsrate betrug damals 8 % pro Jahr; sie dürfte inzwischen etwas abgeflacht sein. In der westlichen Welt dürfte das Umsatzvolumen bei rund 14 Mrd DM liegen. Davon entfallen rund 20 bis 25 % auf Primärzellen, der Rest auf Akkumulatoren. Brennstoffzellen spielen wirtschaftlich noch keine Rolle. Neben den klassischen Batteriesystemen sind in den letzten Jahren viele neue vorgeschlagen worden. Sie werden hier unter der Bezeichnung "Hochenergie-Zellen" zusammengefaßt. Den Forschungs- und Entwicklungsarbeiten an diesen Systemen widmen sich eine Anzahl hervorragender Forscher und Institute.

Allen Freunden, Kollegen und Mitarbeitern, die mich mit Literatur versehen haben, danke ich herzlich. Das Buch wäre nicht zustande gekommen ohne die Anregungen durch Herrn Dr. h.c. F.L. Boschke, dem ich zu Dank verpflichtet bin. Den Damen und Herren, die mir bei der Abfassung des Manuskriptes, bei der Reinzeichnung der Abbildungen und bei der Beschaffung der Photos geholfen haben, danke ich ebenfalls sehr.

Kassel, den 20. Mai 1982

K.-J. Euler

Inhaltsverzeichnis

In der Batterietechnik gebräuchliche Abkürzungen

Bezeichnungen	von gasdichten Cd/Ni-Akkumulatoren s. S. 66,67
"	von Ladeverfahren s. S. 76
"	von Primärzellen s. S. 8-10,106
"	von Zn/Ag-Akkumulatoren s. S. 72
AC	Cd/Ni-Akkumulator mit positiven Röhrchenplatten
AFA	Akkumulatorenfabrik AG (heute Varta Batterie AG)
AMD	Activated Manganese Dioxide, aktivierter Braunstein
ANL	Argonne National Laboratory
ASTM	American Society for Testing Materials
AVA	Ammonia Vapour Activated, mit Ammoniakgas aktivierte Zelle
BAM	Bundesanstalt für Materialforschung
BBC	Brown, Boveri & Cie.
BEREC	British Eveready Company
BEST	Battery Energy Storage Test Facility
BET	innere Oberfläche, ermittelt durch Gasadsorption nach dem Verfahren von Brunauer, Emmet und Teller
BMFT	Bundesminister für Forschung und Technologie
BSZ, BZ	Brennstoffzellen
CMC	Carboxy-Methylcellulose
CMD	Chemical Manganese Dioxide, Kunstbraunstein
De	Gitterplatten der Größe D entsprechend 143 mm Breite und 124 mm Höhe mit der Dicke e entsprechend 2,0 bis 2,1 mm, verwendet in Starterbatterien
DEAC	Deutsche Edison Akkumulator Co.
DIN	Deutsche Industrie-Norm
Diss., Dissert.	Dissertation
Dmr	Durchmesser
DNB	Dinitrobenzol
DoD	US Department of Defence
DoE	US Department of Energy
DSK	Doppelskelett-Gasdiffusions-Elektrode
EAE	Electron After Emission, Elektronen-Nachemission
ed, eds	Herausgeber
EEE	Exo Electron Emission, Exoelektronen-Emission
EMD	Electrolytic Manganese Dioxide, Elektrolytbraunstein
EMF, EMK	Electromotoric Force, Elektromotorische Kraft
EMT	Effective Medium Theory
EPR	Electron Paramagnetic Resonance, Elektronenspinresonanz
F, FP	Cd/Ni-Akkumulator mit Sinter- bzw. Sinterfolienplatten, s. S. 63
F u. E	Forschung und Entwicklung

GE	General Electric
Gi	Bleiakkumulator mit positiven Gitterplatten
GiS, GiF	Bleiakkumulator mit positiven Gitterplatten und besonderen Separator-Systemen
GLP	Glatte Anschlußpole
Gro, GroE, GroEH, GroQ	Bleiakkumulator mit positiven Großoberflächenplatten
Hrsg.	Herausgeber
IEC	International Electric Commission
IGT	Institute of Gas Technology
JP 4	Düsenkraftstoff, Kerosin
KW	Kohlenwasserstoff
LEED	Low Energy Electron Diffraction
Lkw	Lastkraftwagen
LS	Luftsauerstoff(-Zelle)
Me	Metall
Mio, Mrd	Million, Milliarde
Ms	Messing
NASA	National Aeronautics and Space Administration
NBS	National Bureau of Standards
NMD	Natural Manganese Dioxide, Naturbraunstein
NMR	Nuclear Magnetic Resonance, Kernspinresonanz
OGiE	ortsfester Bleiakkumulator mit positiven Gitterplatten
OPzS	wie vor, mit positiven Panzerplatten neuerer Bauart
pH	negativer Logarithmus des Zahlenwertes der Wasserstoff-Ionen-Konzentration in Mol pro Liter, Säurestufe
Pkw	Personenkraftwagen
PP	Polypropylen
PTB	Physikalisch-Technische Bundesanstalt
PVC	Polyvinylchlorid
P & W, P & WA	Pratt & Whitney Aircraft
Px	Pertrix, auch Bezeichnung für Trockenzellen mit $MgCl_2$-Elektrolyt
Pz	Bleiakkumulator mit Panzerplatten älterer Bauart
PzS, PzF	wie vor, mit Panzerplatten neuerer Bauart
R, RE	Cd/Ni- und Fe/Ni-Akkumulatoren mit positiven Röhrchenplatten
rd.	rund, etwa
R & D	Research and Development, Forschung und Entwicklung
REM	Raster-Elektronenmikroskop
S	Cd/Ni-Akkumulator mit Sinterplatten
SAFT	Société des Accumulateurs Fixes et de Traction
SEM	Scanning Electron Microscope, Raster-Elektronenmikroskop
SLEEP	Silent Lightweight Electric Energy Plants, transportable Stromquellen mit Brennstoffzellen
SWP	Schweißpole
T, TP, TSM, TSP	Cd/Ni-Akkumulatoren mit positiven Taschenplatten, s. S. 63
TGL	Temperaturgeführtes Laden
th, therm	thermisch
TK	Temperaturkoeffizient
TSL	Thyristorgesteuertes Schnell-Laden
UT	United Technologies
VDE	Verband Deutscher Elektrotechniker (Vorschriften)
VDI	Verein Deutscher Ingenieure

1 Einleitung

Zum Verständnis der elektrochemischen Stromquellen trägt es bei, die historische Entwicklung wenigstens in groben Zügen zu kennen und die Systematik zu durchschauen. Naturgemäß kann hier nur ein Abriß der technischen Geschichte gegeben werden.[1]

1.1 Zur Geschichte der elektrochemischen Stromquellen

Die *Elektrizitätslehre* beginnt im Jahre 1600 mit dem Buch "De Magnete" von William Gilbert. Aus den Beobachtungen an Bernstein und Schwefel entwickelt sich die Elektrostatik, die um 1750 nahezu vollständig ist. Elektrisiermaschine, Kondensatorflasche und Elektrophor sind bekannt. Der Begriff der Influenz ist bereits einigermaßen entwickelt. In den nächsten fünfzig Jahren entsteht die Theorie des elektrischen Fluidums. Es folgt der Nachweis, daß Blitz und Funke das gleiche sind. Die erste, noch recht primitive Elektrotherapie wächst heran.

Um die Wende zum neunzehnten Jahrhundert wird die *Elektrochemie* entdeckt. Die Arbeiten von L. Galvani und A. Volta ergänzen die stromschwache Hochspannungs-Elektrostatik. Jetzt hat man starke Stromstärken zur Verfügung, mit allerdings zunächst nur niedrigen Spannungen. Immerhin gelingt H. Davy die Schmelzfluß-Elektrolyse und wird nun auch der Kohle-Lichtbogen entdeckt.

[1] Galvanotechnische Arbeiten haben anscheinend schon vor 2000 Jahren die Parther ausgeführt. Nahe Bagdad wurden viele Tongefäße gefunden, die präparierte Kupferzylinder und Eisenstäbe enthielten. Ein entsprechend nachgebautes Element mit Kochsalzlösung als Elektrolyt (5%ige Lösung) lieferte 0,25 V. Entladezeit bei 250 mA rd. 200 Stunden. Mit einem solchen Entladestrom läßt sich eine ca. 3 cm hohe Silberfigur in 2 h vergolden. (Großmann, H.: Galvanotechnik *72*, 1192 (1981))

Als Stromquelle dienen Primärelemente, z.B. Zink/Silber oder Zink/Kupfer in Mineralsäuren, also Primärelemente ohne Depolarisator.

Schon kurz nach der Jahrhundertwende baut J.W. Ritter den ersten *Akkumulator*: Kupferplatten mit dazwischenliegenden, mit Salzwasser getränkten Pappscheiben. 1839 entdeckt W.R. Grove die Wasserstoff/Sauerstoff-*Brennstoffzellen* [1]. Angefangen mit Daniell entstehen in rascher Folge Primärelemente, die im Laboratorium auch angewendet werden. Noch W. Siemens benutzt bei seinen elektrischen Telegraphen Daniell- und Bunsen-Elemente. Tausende davon waren um 1870 in den großen Telegraphenämtern in Betrieb.

Die drei heute verwendeten Systeme von elektrochemischen Stromquellen werden in der zweiten Hälfte des neunzehnten Jahrhunderts erfunden. Das älteste ist der Blei-Akkumulator [2]. Er geht auf J. Sinsteden zurück (1854); erst G. Planté gibt ihm 1859 eine technisch brauchbare Form. Noch einen dritten Vater hat der Blei-Akkumulator: 1861 nimmt in New York in Unkenntnis der Arbeiten in Europa C. Kirchhof ein Patent für ein Sekundärelement mit Bleiplatten. Dennoch bleibt der Akkumulator vorerst ein Apparat im physikalischen Kabinett. Die Telegraphenlinien werden mit Primärelementen betrieben: Man hat ja noch keine Möglichkeit, die Akkumulatoren zu laden, es sei denn, eben wieder mit Primärelementen! Das wird anders, nachdem Siemens und Wheatstone die Dynamomaschinen erfunden und Brush und Edison die ersten öffentlichen Elektrizitätswerke gebaut haben, also zwischen 1866 und 1881. Jetzt braucht man Akkumulatoren zum Lastausgleich und zur Überbrückung von Stillstandszeiten. So nimmt es nicht wunder, daß jetzt technisch brauchbare Lösungen gefunden werden: 1881 läßt sich Camille Faure die pastierte Platte schützen, ungefähr zur gleichen Zeit tut dies Charles Brush in den USA. Die Planté-Platten kranken an zu langen Formierungszeiten. Oft dauert es Monate, bis sie brauchbar sind. Die Faure-Platten dagegen sind zwar sofort verwendungsfähig, aber die eingebrachte Masse fällt schnell ab, die Platten haben keine ausreichende Lebensdauer. Henri Owen Tudor findet kurz darauf in seinen Großoberflächenplatten den nahezu optimalen Kompromiß: schnell formierbare Platten mit langer Lebensdauer. Der Aufstieg der Batterieindustrie beginnt in den achtziger und neunziger Jahren mit dem Bleiakkumulator.

Die *Zink/Salmiak/Braunstein-Zelle* hat der belgische Eisenbahntechniker Georges Leclanché etwa 1865 erfunden [3]. Sie ist bis heute die weitaus wichtigste aller Primärbatterien geblieben. Natürlich waren es von den ersten nassen Beutel-Elementen in Glasgefäßen noch sehr viele Entwicklungsschritte bis zur heutigen Trockenbatterie: Der Weg beginnt mit der Festlegung des Elektrolyten (um die Wende zum zwanzigsten Jahrhundert) und führt zur Verwendung hochwertiger synthetischer Braunstein-Qualitäten. Im ersten Weltkrieg haben die Soldaten bereits Taschenlampen mit Trockenbatterien, die sich äußerlich von unseren heutigen kaum unterscheiden.

Die *alkalischen Akkumulatoren* mit negativen Eisen- und Cadmium-Elektroden entstehen nach 1890 [4]. Edison erfindet den Eisen/Nickel-Akkumulator, Jungner den Cadmium/Nickel-Akkumulator. Sie spielen heute eine wichtige Rolle in speziellen Anwendungsgebieten.

1.2 Zur Systematik der elektrochemischen Stromquellen

Tabelle 1 bietet eine einfache Systematik. Die Reihenfolge in der Tabelle entspricht nicht der Folge, mit der die Zellen in diesem Buch behandelt werden, einige Zellen lassen sich systematisch nur schlecht einordnen. Außerdem muß naturgemäß eine gewisse Auswahl vorgenommen werden, weil sehr viele Batteriesysteme über das Versuchsstadium nicht hinausgekommen sind oder nur kurze Zeit im Handel waren. Das gilt besonders für die ungeheure Zahl der vorgeschlagenen "neuen" Systeme. Sie sind meist keineswegs neu, und die wenigen wirklich neuen erfordern meist so beträchtliche Entwicklungsarbeit, daß man über ihre Aussichten zur technischen Realisierung oft nur gefühlsmäßig urteilen kann.

Tabelle 1. Systematik der elektrochemischen Stromquellen, nach [5]

1. *Akkumulatoren:*
   Elektrochemische Stromquellen, die entladen und geladen werden können. Energiespeicher und Stromerzeuger integriert

   1.1 Bleiakkumulator

   1.2 alkalische Akkumulatoren:
   - Stahlakkumulatoren[a]
   - Silber/Zink-Akkumulatoren

2. *Primärzellen:*
   Elektrochemische Stromquellen, die nur einmal entladen werden können. Energiespeicher und Stromerzeuger integriert

   2.1 Zink/Braunstein-Zellen mit neutralem Elektrolyten

   2.2 Zellen mit alkalischem Elektrolyten:
   - Zink/Braunstein
   - Zink/Quecksilberoxid
   - Zink/Silberoxid

   2.3 Zink/Luft-Zellen

   2.4 Weston-Normalelemente

3. *Hochenergie-Zellen:*
   Akkumulatoren oder Primärzellen mit neuartigem Aufbau. Energiespeicher und Stromerzeuger integriert

   3.1 mit nicht-wäßrig gelöstem Elektrolyten

   3.2 mit schmelzflüssigem Elektrolyten

   3.3 mit Festkörper-Elektrolyt

   3.4 Metall/Luft-Zellen

   3.5 aktivierbare Zellen

4. *Brennstoffzellen:*
   Elektrochemische Stromquellen, die weder entladen noch geladen werden. Energiespeicher und Stromerzeuger getrennt

   4.1 alkalische Zellen
   - für Wasserstoff
   - für Methanol
   - für Hydrazin

   4.2 Zellen mit saurem Elektrolyten

   4.3 Zellen mit schmelzflüssigem Elektrolyten

   4.4 Zellen mit festem Elektrolyten

[a] Die Bezeichnung "Stahlakkumulator" umfaßt Cd/Ni- und Fe/Ni-Akkumulatoren, ist aber nicht mehr genormt

2 Primärzellen

Im Gegensatz zu Akkumulatoren (Sekundär-Elementen) erhalten Primärzellen bereits bei der Herstellung endgültig ihren gesamten Energieinhalt, und zwar in Form der aktiven Bestandteile. Sie können nur ein einziges Mal entladen werden. Danach muß man sie durch neue ersetzen. Andererseits kann man, bezogen auf Gewicht oder Volumen, meist wesentlich mehr Energie in Primärzellen als in Akkumulatoren unterbringen. Sie sind verhältnismäßig billig und heute praktisch problemlos.

2.1 Spezielle Begriffe

In der Primärzellen-Technik werden einige spezielle Begriffe verwendet, deren Definition aus Publication 86-1 der International Electrotechnical Commission, 3rd edition 1971, und aus DIN 40 853 zu entnehmen ist. Die folgenden Definitionen lehnen sich eng an die genannten Veröffentlichungen an [4].

Primärzellen sind elektrochemische Energiequellen zur einmaligen Verwendung. Sie können generell nicht geladen werden. Die Bezeichnungen *Zelle*, *Element* und *Batterie* werden in der Umgangssprache nicht einheitlich verwendet. Soweit möglich, sollte

mit *Zelle* eine einzelne Zelle als Bestandteil einer Batterie,

mit *Element* eine einzeln verwendbare Zelle mit Behälter, Anschlußklemmen usw., sowie schließlich

mit *Batterie* eine aus mehreren parallel oder in Reihe geschalteten oder elektrisch nicht miteinander verbundenen Zellen bestehende Einheit bezeichnet werden. Diese Absicht läßt sich aber selbst im Fachschrifttum nicht immer verwirklichen.

Naßelemente sind Primärzellen mit flüssigem Elektrolyten.

Trockenzellen sind Primärzellen mit festgelegtem Elektrolyten.

Füllelemente sind Primärzellen, denen während der Lagerzeit der Elektrolyt oder ein Teil davon, meist das Wasser, fehlt. Sie werden vor Inbetriebnahme *gefüllt* oder *aktiviert*.

Aus DIN 40 853 [6]:

Dauerentladung: Ununterbrochene Stromentnahme.

Depolarisation: Verhinderung der Polarisation (Überspannung) einer Elektrode durch chemische oder physikalische Hilfsmittel.

Elektroden: Die beiden Zellenbestandteile, zwischen denen bei Berührung mit einem Elektrolyten eine Potentialdifferenz entsteht.

Elektrolyt: Der die Elektroden verbindende Ionenleiter. Er kann flüssig oder fest sein.

Intermittierende Entladung: Eine durch Ruhepausen unterbrochene Stromentnahme. Anmerkung: Ruhepausen werden in die Angabe der Entladedauer *nicht* einbezogen.

Kurzschlußstrom, praktischer: Der Strom, der etwa 2 Sekunden nach dem Anlegen eines Strommessers, dessen Widerstand gegenüber dem Innenwiderstand der Zelle vernachlässigbar klein ist, gemessen wird.

Lagerfähigkeit: Die Eigenschaft einer Zelle, vom Tage der Herstellung ab bei Lagerung unter festgelegten klimatischen Bedingungen nach Ablauf der festgelegten Lagerzeit noch eine bestimmte Betriebsdauer bei der vorgeschriebenen Entladeart zu erreichen.

Lecksicherheit: Ein durch geeignete Zellenkonstruktion erreichter, begrenzter Schutz gegen Elektrolyt-Austritt. Damit wird gleichzeitig die Lagerfähigkeit der Zellen verbessert.

Zustandsmessung: Elektrische Überprüfung galvanischer Primärelemente. Die Meßbedingungen sind den Normen für die einzelnen Typen zu entnehmen.

2.2 Normung, Bezeichnungen

Bezeichnung, Abmessungen und elektrische (Mindest-) Daten sind in der IEC-Publication 86, Teil 1 bis 3, und in vielen damit abgestimmten DIN-Blättern niedergelegt. Das jeweils verwendete elektrochemische System ist durch den ersten Buchstaben der Bezeichnung festgelegt, vgl. Tabelle 2. Durch diesen Buchstaben kann man bei gleichgroßen Zellen unterscheiden, zu welchem elektrochemischen System sie gehören.

Beispiel:	R 20	normale Monozelle
	LR 20	Monozelle mit Zn/KOH/MnO_2
	MR 20	Monozelle mit Zn/KOH/HgO
	KR 20	Monozelle als gasdichter Akkumulator

Die Abmessungen einiger Rund- und Flachzellen sind in Tabelle 3 und Tabelle 4 angegeben. Außerdem gibt es noch einige prismatische Zellen, deren Bezeichnung mit dem Buchstaben S beginnt. S 8 z.B. ist das bekannte Postelement mit positiver Braunsteinelektrode, das die Abmessungen 83 × 83 × 200 hat. In der Ausführung als Luftsauerstoffzelle heißt dieses Element AS 8. Hat eine Batterie mehrere Zellen, die elektrisch in Reihe geschaltet sind, so wird diese Zahl vorangestellt. So besteht z.B. die bekannte flache Taschenlampenbatterie aus drei Normalzellen R 12 in Reihe. Ihre Bezeichnung ist 3 R 12. Bezeichnungen und Abmessungen einiger mehrzelliger Batterien enthält Tabelle 5. Das Gewicht bzw. die Masse der Zellen ist nicht genormt.

Die Entladeleistung der Zellen bzw. Batterien kann man aus der IEC-Bezeichnung nicht entnehmen. Vielmehr gibt es für die Zellen- bzw. Batterietypen besondere Datenblätter, in denen Mindestwerte festgelegt sind. Da für die meisten Zellentypen die nutzbare Kapazität stark von der Belastung und vom Entladerhythmus abhängt, werden genau definierte Normentladungen durchgeführt (vgl. z.B. Tabellen 6 und 7).

Tabelle 2. Nach der IEC-Publication 86-1, 3rd ed. 1967, vor die Bezeichnung der Abmessungen, s. Tabelle 3 bis 5, zu setzender Kennbuchstabe zur Kennzeichnung des elektrochemischen Aufbaus

Primärzellen	
ohne Vorsatz Nennspannung 1,5 V	negative Elektrode: Zink positive Elektrode: Braunstein wäßrige Lösungen von NH_4Cl, $ZnCl_2$, $MgCl_2$, $MnCl_2$ als Elektrolyt
A Nennspannung 1,5 V	Luftsauerstoff-Zelle mit neutralem Elektrolyten
L Nennspannung 1,5 V	negative Elektrode: Zink positive Elektrode: Braunstein Elektrolyt: Kalilauge
M Nennspannung 1,35 V	negative Elektrode: Zink positive Elektrode: reines HgO Elektrolyt: Kalilauge
N Nennspannung 1,40 V	negative Elektrode: Zink positive Elektrode: HgO mit Zusätzen Elektrolyt: Kalilauge
S Nennspannung 1,5 V	negative Elektrode: Zink positive Elektrode: Silberoxid Elektrolyt: Kalilauge
Gasdichte (alkalische) Akkumulatoren	
K Nennspannung 1,2 V	negative Elektrode: $Cd/Cd(OH)_2$ positive Elektrode: $NiOOH/Ni(OH)_2$ Elektrolyt: Kalilauge

Für die übrigen elektrochemischen Systeme sind verbindliche Kennbuchstaben nicht festgelegt.

Tabelle 3. Bezeichnungen und Abmessungen einiger Rund- und Knopfzellen nach [3]

Name -Zelle	Zellenbezeichnung nach IEC Publ. 86-1 (1967)	DIN 40855	Alte dtsch. Normbez.	US Stand.	Abmessungen (Richtwerte) ∅ (mm)	Höhe (mm)	Volumen (etwa) (cm^3)	Gewicht (etwa) (g)
Rundzellen								
Mikro	R 03	R 03	-	AAA	10	44	3,4	8
	R 01	R 01	-	-	11	14	1,3	2,7
Lady	R 1	R 1	AT	N	11	30	3	5,5
halbe Mignon	R 3	R 3	-	-	13,5	24	3,4	7
Mignon	R 6	R 6	AaT	AA	13,5	50	7	15
	R 7	R 7	-	-	16	17	3,4	7
Gnom	R 8	R 8	A	A	16	50	10	21
Duplex	R 10	R 10	CT	(BR)	20	37	11	20
Normal	R 12	R 12	DT	B	20	59	15	35
Baby	R 14	R 14	ET	C	24	49	20	45
Mono	R 20	R 20	JT	D	32	60	45	100
Zwilling	R 22	R 22	-	E	32	75	58	130
Super	R 25	R 25	JaT	F	32	91	70	160
verlängerte Super	R 26	R 26	JbT	G	32	105	80	180
	R 27	R 27	-	J	32	150	120	270
Columbia	R 40	R 40	EMT	No.6	64	166	485	1000
Knopfzellen								
	R 08			O	11	3	0,3	0,6
	R 07				11	5	0,5	1
	R 9				16	6	1,2	2,5
	R 41				7,9	3,5	0,17	
	R 43				11,6	4,0	0,42	
	R 45				9,5	3,5	0,25	
	R 48				8,0	3,5	0,28	

Tabelle 4. Bezeichnungen und Abmessungen einiger Flachzellen, nach [3]

Zellenbezeichnung nach				Abmessungen (Richtwerte)			Volumen
IEC Publ. 86-1 (1967)	DIN 40855	Alte deutsche Norm-bezeichn.	US-Standard	Länge (mm)	Breite (mm)	Höhe (mm)	(~ cm^3)
F 15	F 15	-	F 15	14,5	14,5	3	0,5
F 20	F 20	BP 1121	F 20	24	13,5	2,8	0,9
F 25	F 25	-	-	23	23	6	3
F 30	F 30	BP 1829	F 30	32	21	3,3	2,2
F 40	F 40	BP 1829	F 40	32	21	5,3	3,5
F 50	F 50	-	F 50	32	32	3,6	3,6
F 70	F 70	-	F 70	43	43	5,6	10,5
F 90	F 90	-	F 90	43	43	7,9	14,5
F 92	F 92	-	-	54	37	5,5	11
F 95	F 95	-	-	54	37	7,9	16
F 100	F 100	BP 4558	F 100	60	45	10,4	28

Tabelle 5. Bezeichnungen und Abmessungen einiger mehrzelliger Batterien, nach [3]

Zellenbezeichnung nach			Abmessungen	Gewicht	Nenn-spannung
IEC Publ. 86-1 (1967)	DIN 40855	Alte deutsche Norm-bezeichn.	Breite (Tiefe) Höhe (mm)	(~ g)	(V)
3 R 12	3 R 12	BDT 4,5	62 × 22 × 67	120	4,5
4 R 25	4 R 25	-	67 × 67 × 102	660	6,0
6 F 25	6 F 25	-	25,5 × 25,5 × 50	38	9,0
6 F 50	6 F 50	-	34,5 × 36 × 70	125	9,0
6 F 100	6 F 100	-	66 × 52 × 81	480	9,0
10 F 15	10 F 15	-	16 Ø × 35	14	15
15 F 20	15 F 20	BP 1121/22,5	27 × 16 × 51	29	22,5

Tabelle 6. Entladeleistung einer Trockenzelle in Zinkchlorid-Technik, Papierfutter-Konstruktion, mit Stahlmantel. Typenbezeichnung nach IEC: R 20 (Monozelle). Abmessungen: Durchmesser 34 mm, Gesamthöhe 62,5 mm, Gewicht ~ 95 g. Temp. 20°C, Alter etwa 1 Monat[a]

Entladeart	Belastung	Richtwert in Stunden bis Endspannung 1,1 V	0,9 V	0,75 V
5 min/d	0,5 Ω	-	0,2	0,7
	1,25 Ω	1	2,8	3,6
	2,5 Ω	5,4	7,2	10,8
	5 Ω	8,9	20,7	24
30 min/d	1,25 Ω	0,8	1,8	3,6
	2,5 Ω	4,3	7,6	10,1
	5 Ω	14	20,5	24
	10 Ω	37	42	47
	20 Ω	89	92	97
2 h/d	2,5 Ω	3,1	5,9	8,2
	5 Ω	11,2	17,4	21,5
	10 Ω	32	42	49
	20 Ω	80	95	100
	40 Ω	180	190	195
	80 Ω	320	330	340
	160 Ω	640	680	700
8 h/d	5 Ω	6,7	10,9	14,3
	10 Ω	27	38	43
	20 Ω	73	91	96
	40 Ω	170	190	205
	80 Ω	370	390	405
	160 Ω	700	720	750
	320 Ω	1300	1460	1500
kontinuierlich	1,25 Ω	0,4	1,3	2,2
	2,5 Ω	2,5	4,2	6,0
	5 Ω	7,8	11,6	15,1
	10 Ω	22	30	37
	20 Ω	63	82	93
	40 Ω	155	185	200
	80 Ω	350	400	420
	160 Ω	750	800	850
	320 Ω	1500	1600	1730
	640 Ω	2700	3100	3200
	1000 Ω	4300	4700	5000
	2000 Ω	8500	8900	9200

[a]Nach Angaben der Varta, Katalog-Nr. 282, unverbindl. Werte

Tabelle 7. Überblick über die Entladeleistung einer Zink/Braunstein-Zelle mit Kalilauge als Elektrolyt, inside-out-Konstruktion, mit Stahlmantel. Typenbezeichnung nach IEC: LR 20 (Monozelle). Abmessungen: Durchmesser 34 mm, Gesamthöhe 61,5 mm, Gewicht rund 127 g. Temp. 20°C, Alter: einige Monate

Entladeart	Belastung	Richtwert in Stunden bis Endspannung		
		1,1 V	0,9 V	0,75 V
4 min/h, 8 h/d	4 Ω	15	28	
4 h/d	40 Ω	250	320	
konti-nuierlich	0,5 Ω	0	0,6	1,5
	1,0 Ω	0,4	2,9	4,5
	2,3 Ω	5	12	13
	3 Ω	9	17	19
	4 Ω	17	25	28
	5 Ω	23	32	34
	6,7 Ω	32	45	47
	10 Ω	47	66	75
	30 Ω	160	210	250
	50 Ω	265	350	420
	150 Ω	1050	1180	1250
	6000 Ω		36000	

2.3 Zink/Braunstein-Zellen mit annähernd neutralem Elektrolyten

Georges Leclanché hat etwa 1865 das Zink/Braunstein-Primärelement mit einer Lösung von Ammoniumchlorid (Salmiak, NH_4Cl) als Elektrolyt erfunden. Neben Ammoniumchlorid werden oder wurden einige andere Chloride oder Bromide verwendet, z.B. $ZnCl_2$, $CaCl_2$, $MgCl_2$ oder $MnCl_2$. Außerdem setzt man dem Elektrolyten fast immer kleine Mengen von Quecksilbersalzen zu. Sie dienen zum Amalgamieren der Zink-Elektrode. Dieses elektrochemische System ist die Grundlage der modernen Trockenbatterie-Industrie. Mehrere Milliarden Zellen werden jedes Jahr in der Welt erzeugt.

Die negativen Elektroden bestehen aus Zink mit 0,05 bis 0,5 % Pb und 0,01 bis 0,05 % Cd. Verunreinigungen mit Fe oder Cu wirken sich negativ auf die Lagerfähigkeit aus.[2] Bei den Rundzellen

[2] In Flachzellen wird auch Feinzink ohne Legierungszusätze verwendet

bildet der Zinkbecher sowohl die negative Elektrode als auch das Zellengefäß. Der Elektrolyt besteht aus einer Lösung von NH_4Cl, die durch Zusatz von Quellstoffen, meist Weizenmehl, abgebunden ist. Die Lösung kann auch von saugfähigen Schichten aus Papier oder Kunststoff-Vlies aufgesaugt sein. Die positiven Elektroden sind poröse Preßlinge aus einer Mischung von Braunstein mit Ruß oder Graphit als Elektronenleiter und festen bzw. gelösten Salzen. Die Poren sind zum Teil mit Elektrolyt gefüllt, zum Teil frei für den Durchlaß der geringen Gasmengen, die aus Nebenreaktionen stammen. Je nach der Konstruktion unterscheidet man *Rund-* oder *Flachzellen*, s. Abb. 1 und 2. Die oben erwähnten *prismatischen* Zellen sind ihrer Konstruktion nach "viereckige Rundzellen" (Abb. 6). Die *Knopfzellen* (Abb. 5) werden in den IEC-Normen ebenso wie die Rundzellen mit dem Buchstaben R bezeichnet. Die meisten Knopfzellen sind noch nicht genormt.

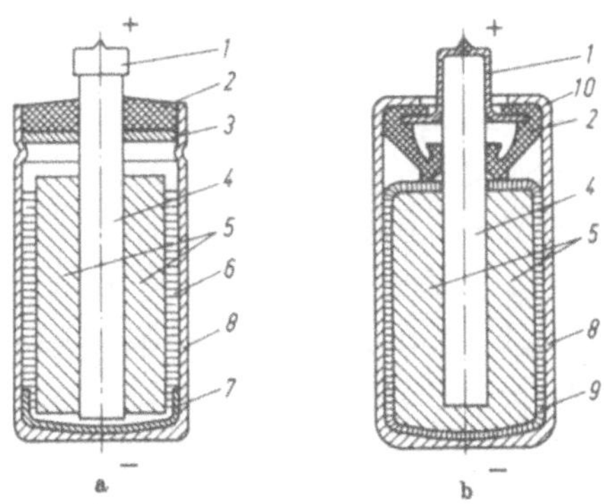

Abb. 1. Rundzellen-Konstruktionen für Primärzellen, stark vereinfacht. *a)* Pastenzelle, *b)* Papierfutterzelle; *1* Messingkappe, *2* Vergußmasse, *3* Pappscheibe, *4* Kohlestift, *5* Kathodenmasse, *6* Elektrolytpaste, *7* Bodenisolierung, *8* Zinkbecher, zugleich Elektrode und Zellengefäß, *9* Elektrolytpapier, *10* Bördelverschluß. (Aus: Hütte: Elektrische Energietechnik, Bd. 2. Berlin - Heidelberg - New York: Springer 1978)

Die elektrochemischen Vorgänge in den Zink/Braunstein-Zellen sind ziemlich verwickelt. Die übliche Schreibweise der charakteristischen Zellreaktion

$$(-)\ Zn + 3\ NH_4Cl + 2\ MnO_2\ (+) \longrightarrow Zn(NH_3)_2Cl_2 + 2\ MnOOH$$

(entladen)

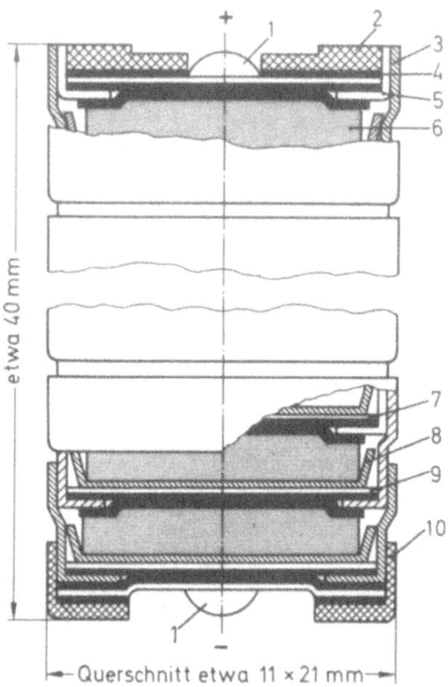

Abb. 2. Gruppe von 6 Plattenzellen, Trockenzellen, Transistor-Batterie IEC 6 F 25. *1* Löttropfen, *2* Kunststoffdeckel, *3* Zellengefäß, abgesetzte Schale aus Kunststoff, *4* Polblech, *5* positive Endschale, *6* Kathodenpreßling, *7*, *9* Zink-Elektroden, *8* Elektrolytpapier, *10* negative Endschale

wird den tatsächlichen Vorgängen kaum gerecht. Der mittlere pH-Wert in den Zellen steigt während der Entladung von 4,5 auf 9,5. Die Entladung der positiven Elektrode erfolgt bei modernen Batterie-Braunsteinen meist in homogener Phase, ausgehend von einer Verbindung, die annähernd die Zusammensetzung MnO_2 hat. Sie endet nach Durchlaufen einer homogenen Mischkristallreihe bei einer Zusammensetzung, die annähernd als MnOOH beschrieben werden kann. Dadurch sinkt das Elektrodenpotential der positiven Elektrode z.B. von +0,75 auf +0,15 V ab, vgl. Punkte A und B in Abb. 3. Da es aber eine große Anzahl von Braunstein-Modifikationen mit stark wechselndem Wasser- und Fremdionen-Gehalt gibt, und da auch das Endprodukt nicht genau definiert ist, kann man den Spannungsverlust nicht exakt angeben. Sicher ist nur, daß während der Entladung das Potential der positiven Elektrode stark sinkt.

Abb. 3 zeigt das stark vereinfachte *Pourbaix-Diagramm* dieser Zelle, die Abhängigkeit der beiden Elektrodenpotentiale vom pH-Wert. Zum Vergleich sind die Potentiale der reversiblen Wasserstoff- und Sauerstoff-Elektrode eingezeichnet. Die in Abschnitt 2.4 behandelten Zink/Braunstein-Zellen mit stark alkalischem Elektrolyten haben während der Entladung einen praktisch konstanten pH-Wert von 14,4. Die *Nennspannung* von Trockenzellen

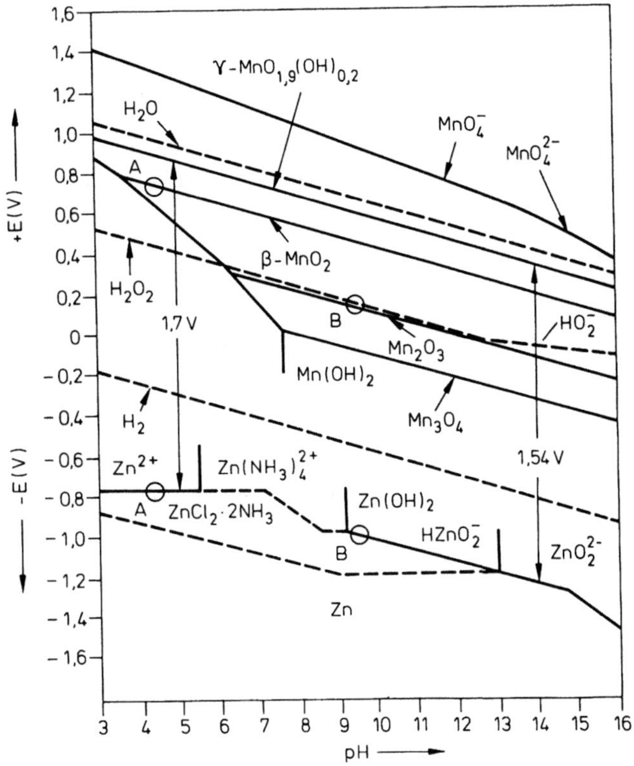

Abb. 3. Vereinfachtes Pourbaix-Diagramm von Zink/Braunstein-Zellen, in Anlehnung an [7]. A) Beginn, B) Ende der Entladung von Zellen mit Salmiak-Elektrolyt

ist auf 1,5 V festgesetzt. Im allgemeinen haben sie eine unbelastete Spannung von 1,6 bis 1,7 V. Während der Entladung sinkt die Klemmenspannung mehr oder weniger gleichmäßig bis zur *Endspannung* von z.B. 0,9 V ab.

Der *Wasserhaushalt* der charakteristischen Zellreaktion scheint auf den ersten Blick ausgeglichen zu sein. Tatsächlich ist aber darin der stark wechselnde Wassergehalt der Braunsteinsorten nicht berücksichtigt, der beim Entladen in Freiheit gesetzt wird. Auch durch die Bildung von löslichen Zinksalzen kommt es besonders bei hoher Belastung zu einer starken Verflüssigung des gelierten Elektrolyten. Wenn der Zinkbecher, der ja bei den Rundzellen zugleich das Zellengefäß ist, durch ungleichmäßigen Abtrag perforiert wird, tritt Elektrolyt aus. Deshalb werden Einzelzellen mit einer saugfähigen Papphülse und vielfach mit Kunststoffbechern oder mit einem Stahlmantel ausgerüstet. Diese Zellen sind gegen Auslaufen unter normalen Entlade- und Lagerbedingungen geschützt. Sie werden als "leak proof" bezeichnet.

Wenn entladene Zellen längere Zeit eingeschaltet bleiben, entsteht durch unerwünschte Nebenreaktionen zusätzlich Wasser, das von den Poren in der positiven Elektrode und von den Leerräumen in den Zellen nicht mehr aufgenommen werden kann. Dieses Wasser läßt sich durch mechanische Mittel nicht zurückhalten, auch nicht durch die leak-proof-Konstruktion. Abhilfe bringt hier die *Zinkchlorid-Technik*. Diese Zellen haben als Elektrolyten reine Zinkchlorid-Lösung bestimmter Konzentration. Als Entladeprodukt entsteht basisches Zinkchlorid, das erhebliche Mengen Wasser als Kristallwasser bindet. Diese Zellen sind also vom chemischen Aufbau her gegen Auslaufen gesichert. Ihre elektrischen Eigenschaften sind im übrigen ähnlich wie bei den NH_4Cl-Zellen, unter den meisten Entladebedingungen sogar merklich besser.

Das Verhalten von Trockenzellen bei der Entladung hängt stark von der Belastung und vom Entladerhythmus ab. Als Beispiel ist in Tabelle 6 das Entladeverhalten einer Monozelle IEC R 20 in Zinkchlorid-Technik angegeben. Viele Zellentypen werden heute neben der normalen Standard-Ausführung für Taschenlampen außerdem noch als Spezialzellen für Transistor-Radios und als Spezialzellen für erhöhte Belastung, z.B. in Blinklampen, Blitzgeräten, Kassetten-Rekordern usw., hergestellt. Sie unterscheiden sich durch die verwendeten Braunstein-Sorten, die Rezeptur und die Konstruktion.

Nicht nur der Energieinhalt, sondern vor allem die *Lagerfähigkeit* der Trockenzellen hat heute einen sehr hohen Standard erreicht. Unter normalen Bedingungen können z.B. Monozellen (IEC R 20) mit Stahlmantel ohne weiteres ein bis zwei Jahre gelagert werden, oft auch wesentlich länger. Durch Lagern bei rund $0^{\circ}C$ kann man die Lagerfähigkeit ganz erheblich verbessern. Auch unter tropischen Bedingungen lassen sich die Batterien verhältnismäßig lange lagern. Als Faustregel kann gelten, daß 3 Monate Tropenlagerung bei $45^{\circ}C$ etwa 12 Monaten Lagerung bei $20^{\circ}C$ entsprechen.

In der Kälte arbeiten Zink/Braunstein-Zellen mit neutralem Elektrolyten nicht befriedigend. So gab eine Monozelle während der kontinuierlichen Entladung über 10 Ohm bis 0,75 V bei 20°C während 30 Stunden rund 3 Ah ab, bei 10°C noch rund 2,2 Ah (24 h), bei 0°C rund 1,5 Ah (17 h) und bei -10°C rund 1 Ah (12 h). Besser kälteverträglich sind Zink/Braunstein-Zellen mit alkalischem Elektrolyten und gasdichte Cadmium/Nickel-Akkumulatoren.

2.4 Zink/Braunstein-Zellen mit alkalischem Elektrolyten

Für harte Dauerentladung, z.B. beim Antrieb von Schmalfilmkameras, Kassetten-Rekordern, tragbaren Fernsehgeräten, ebenso aber z.B. als Stromquelle für gekuppelte Belichtungsmesser, verwendet man Braunstein-Zellen mit Kalilauge als Elektrolyt. Dieses System ist 1882 von *O. Leuchs* erfunden und etwa 1949 von *W.S. Herbert* in die Technik eingeführt worden. Auch hier weicht die charakteristische Zellreaktion

$$(-)\ Zn + H_2O + 2\ MnO_2\ (+) \longrightarrow \underset{\text{(entladen)}}{ZnO + 2\ MnOOH}$$

stark von den Vorgängen in den Zellen ab. Bei diesen Zellen war lange Zeit auch die Frage offen, ob an der Zinkelektrode Zinkoxid, Zinkhydroxid oder schließlich ein Hydroxo-zinkat entsteht. Aus Messungen des Temperatur-Koeffizienten muß man aber schließen, daß bei der stromliefernden Reaktion unmittelbar ZnO gebildet wird.

Abb. 4 zeigt den vereinfachten Schnitt durch eine *Rundzelle*. Die negative Elektrode besteht aus locker geschichtetem Zinkpulver, das mit 2 bis 3 % Quecksilber amalgamiert ist. Sie ist mit einem Beutel aus Kunststoff-Vlies umgeben, dem Separator. Er besteht z.B. aus Cellulose-, Reyon-, PVC-, Nylon- oder Polypropylen-Fasern. Als Ableiter dient ein Messingdraht oder -stift. Der Elektrolyt besteht aus Kalilauge mit rund 40 Gew.-% KOH, in der noch etwa 5,8 Gew.-% ZnO gelöst werden. Die Dichte liegt bei rund 1,5 g/cm^3, der pH-Wert bei 14,4. Die Lauge wird mit Na-Carboxy-methyl-cellulose abgebunden. Vielfach werden andere Hydroxide zugesetzt, z.B. LiOH oder $Ca(OH)_2$. Sie sollen die Lagerfähigkeit verbessern oder die Zellen "wieder aufladbar" machen. Die positive Elektrode besteht aus einer gepreßten Mischung von

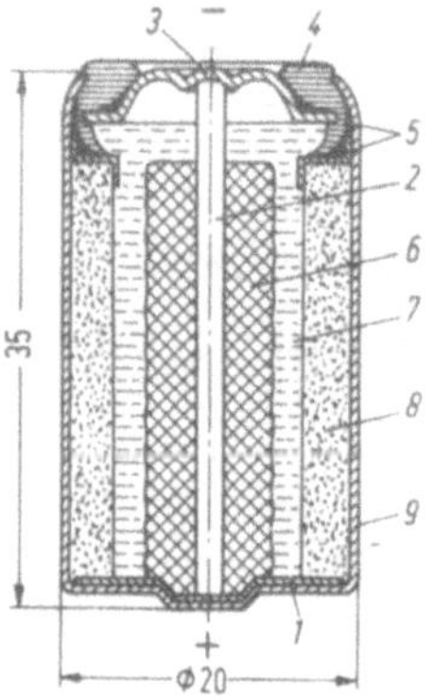

Abb. 4. Schnitt durch alkalische Zn/MnO_2-Primärzelle, inside-out-Konstruktion. *1* Bodenscheibe, *2* Kontaktstift, *3* Kappe, *4* Kunststoff Ring, *5* Fell, *6* Zink/Flitter, *7* gelierte Kalilauge, *8* positive Elektrode aus Braunstein und Graphit, *9* Stahlbecher. (Aus: Hütte: Elektrische Energietechnik, Bd. 2. Berlin - Heidelberg - New York: Springer 1978)

hochwertigem synthetischem Braunstein mit Graphit als Elektronenleiter. Bei Rundzellen ist meist die Braunstein-Elektrode als Rohr außen, die Zink-Elektrode innen. Da dieser Aufbau gerade umgekehrt ist wie bei den üblichen Trockenzellen, bezeichnet man diese Konstruktion als "inside-out-design".

Auch *Zink/Braunstein-Zellen* mit alkalischem Elektrolyten sind Primärzellen. Beschränkt man sich aber auf eine Entladetiefe von rund 25 %, so kann man viele Typen von Zellen 30- bis 50mal nachladen. Dazu werden am besten besondere Ladegeräte verwendet, die etwa einem Wa-Lader entsprechen, vgl. Abschnitt 4.6. Man beginnt z.B. bei einer Monozelle (IEC LR 20) mit einem Ladestrom von 600 mA bei 1,3 V Klemmenspannung. Der Lader hat pro Zelle einen Innenwiderstand von rund 0,8 Ohm und eine treibende Spannung von 1,78 V. Bei 1,70 V wird die "Ladung" abgeschaltet. Der Ladefaktor liegt bei 1,4. *Das Verfahren ist für den Laien nicht ungefährlich*, um so mehr, als die wenigsten Zellen Drucksicherungen enthalten.

Energieinhalt und Belastbarkeit der Zink/Braunstein-Zellen mit alkalischem Elektrolyten sind hoch. Die aufwendige Konstruktion bedingt aber einen erhöhten Preis. Tabelle 7 vermittelt einen Überblick über die Entladeleistung einer Monozelle IEC LR 20. Der Vergleich mit Tabelle 6 zeigt die Überlegenheit der alkalischen Zelle. Dem steht aber der erheblich höhere Preis gegenüber. Die Nennspannung dieser Zellen ist auf 1,5 V festgelegt worden, die unbelastete Spannung liegt meist etwas höher. Aus Abb. 3 kann man entnehmen, daß bei pH = 14,4 die Braunstein-Elektrode beim Durchlaufen der Phasenbreite von MnO_2 bis $MnO_{1,5}$ einen Spannungsverlust von rund 0,35 V hervorruft. Dazu kommen noch andere Ursachen, so daß auch bei diesen Zellen die Entladespannung sinkt.

Bei kontinuierlicher Entladung über 10 Ohm bis 0,75 V gab eine Monozelle LR 20 bei 20°C während 75 Stunden rund 7,5 Ah ab, bei 10°C rund 6,4 Ah (65 h), bei 0°C rund 4,8 Ah (50 h), bei -10°C rund 4 Ah (45 h) und bei -20°C rund 2,5 Ah (30 h). Das Kälteverhalten der Zellen hängt aber stark von ihrer Konstruktion ab. Die Selbstentladung liegt bei 20°C in der Größenordnung von 3 % pro Monat. Sie hängt ebenfalls von vielen Parametern ab.

2.5 Zink/Quecksilberoxid-Zellen

Die Zn/HgO-Zellen sind bereits 1884 von *C.L. Clarke* erfunden worden, aber erst Ende der dreißiger Jahre von *S. Ruben* fertigungsreif gemacht worden. Zuerst wurden sie von der Firma Mallory in den USA hergestellt. Als positive Elektrode wird eine hart gepreßte Mischung von feingemahlenem Quecksilberoxid mit Graphit verwendet. Negative Elektrode und Elektrolyt sind die gleichen wie in den alkalischen Zink/Braunstein-Zellen: disperses, amalgamiertes Zink und Kalilauge mit Zusatz von Zinkoxid. Das Separatorsystem muß die Wanderung feinster fester Partikel und Quecksilber-Tröpfchen sicher verhindern, ebenso die Bildung von Zink-Brücken. Dazu verwendet man eine oder mehrere Lagen von Pergament, dichtem Papier oder Kunststoff-Vlies. Diese Schichten können z.B. mit Cellulose-Derivaten kaschiert sein. Der Elektrolyt ist festgelegt. Bei Knopfzellen, vgl. Abb. 5, ist der Elektrolyt in saugfähigem Cellulose- oder Kunststoff-Vlies aufgesaugt. In Rundzellen ist die Lauge vielfach mit Na-Carboxy-methyl-cellulose geliert.

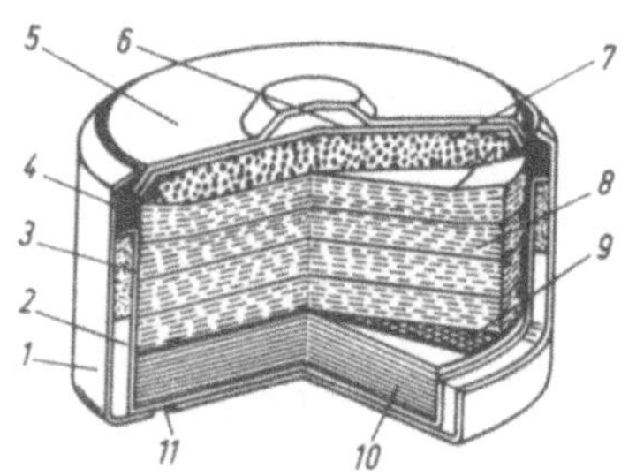

Abb. 5. Schnitt durch eine Zink/Quecksilberoxid-Zelle. *1* Äußerer Stahlbecher, *2* Absorptions-Manschette, *3* innerer Stahlbecher, *4* Dichtung, *5* äußerer Deckel, *6* innerer Deckel, *7* amalgamiertes Zinkpulver, *8* mehrere Lagen Zellstoff, getränkt mit Elektrolyt, *9* Separator, *10* HgO-Elektrode, *11* Gasungs-Löcher. (Aus: Hütte: Elektrische Energietechnik, Bd. 2. Berlin - Heidelberg - New York: Springer 1978)

Die charakteristische Zellreaktion

$$(-)\ Zn + HgO\ (+) \longrightarrow ZnO + Hg$$
(entladen)

berechnete EMK 1,344 V

gemessen 1,35 V bei 20°C

deckt sich genau mit den tatsächlichen Vorgängen. Neben den Zellen mit reinem HgO gibt es auch Zellen mit Zusätzen, z.B. von Braunstein, Nickelhydroxid oder Silberoxid. Diese Zellen haben eine etwas höhere Entladespannung. Für die Nennspannung U hat man deshalb zwei Werte festgelegt:

Zellen mit reinem HgO, IEC-M, U = 1,35 V

Zellen mit Zusätzen, IEC-N, U = 1,40 V

Zn/HgO-Zellen werden dort verwendet, wo es auf hohe volumenspezifische Energiedichte bei mittleren oder kleinen Entladeraten (über 20 Stunden), auf konstante Entladespannung und niedrige Selbstentladung ankommt. Moderne Typen erreichen z.B. bei 30stündiger Entladung (20°C) fast 100 mWh/g und fast 400 mWh/cm^3. Ihre Entladekurve verläuft praktisch horizontal. Sie können bei Zimmertemperatur viele Monate ohne Kapazitätsverlust gelagert werden. Bei starker Belastung und in der Kälte geht ihre Entladeleistung stärker zurück als bei den Zink/Braunstein-Zellen mit alkalischem Elektrolyten. Außerdem sind sie erheblich teurer. Typische Anwendungsgebiete sind Hörgeräte, Herzschrittmacher, elektrische Armbanduhren, Meßgeräte und Funksprechgeräte.

Die kleinste genormte Knopfzelle IEC-NR 48, Durchmesser 7,9 mm, größte Dicke 5,4 mm, Volumen rd. 0,26 cm^3, Gewicht rd. 1,2 g, bei 20°C 16 h pro Tag über konstante Widerstände bis 0,9 V entladen, ergibt bei Belastung mit 600 Ohm eine Benutzungsdauer von 40 h, mit 1000 Ohm 70 h, mit 1500 Ohm 100 h. Die mittlere Entladespannung liegt bei 1,23 bzw. 1,27 bzw. 1,29 V, die Energiedichte je nach Belastung bei 86 bis 94 mWh/g bzw. 388 bis 430 mWh/cm^3. Übrigens werden noch kleinere, allerdings nicht genormte Knopfzellen hergestellt, z.B. mit 5,6 mm Durchmesser und 3,2 mm Dicke. Die größten z.Zt. gefertigten HgO-Zellen haben die Abmessungen der Monozellen, IEC-MR 20.

2.6 Zink/Silberoxid-Primärzellen

Einige elektronische Geräte arbeiten mit der Klemmenspannung einer Zn/HgO-Zelle nicht befriedigend. In diesen Fällen werden Zink/Silberoxid-Zellen benutzt, deren Klemmenspannung etwa 0,2 V höher liegt. Dieses elektrochemische System ist 1883 ebenfalls von *C.L. Clarke* erfunden und 1941 von *Henri André* als Akkumulator fertigungsreif gemacht worden. Kleine Primärzellen mit Silberoxid-Elektroden sind etwa seit Mitte der fünfziger Jahre auf dem Markt. Die charakteristische Zellreaktion

$$(-)\ Zn + Ag_2O\ (+) \xrightarrow[\text{(entladen)}]{} ZnO + Ag$$

berechnete EMK	1,594 V	
gemessen	1,65 V	bei 20°C

stimmt mit den Vorgängen in der Zelle relativ gut überein. Als Nennspannung ist 1,5 V festgelegt worden. Auch hier sind Zusätze zur positiven Elektrode üblich, insbesondere Ag_2O_2 und MnO_2. Dagegen wird ein Leitmaterial nicht benötigt, weil Silberoxid gut leitet. Die negative Elektrode besteht auch hier aus dispersem amalgamierten Zink, der Elektrolyt aus Kali- oder Natronlauge mit Zusatz von Zinkoxid. Das Separatorsystem ist dem Silberoxid angepaßt.

Der Energieinhalt dieser Zellen ist ungefähr der gleiche wie bei den Zn/HgO-Zellen, ihre Klemmenspannung jedoch ist etwas höher. Sie haben bei 20°C eine Selbstentladung von 2 % pro Jahr. Ihr Kälteverhalten ist besser als bei den Zn/HgO-Zellen. Diese *Primärzellen* verwendet man in elektrischen Armbanduhren, Hörgeräten und Meßinstrumenten. Obwohl sie den gleichen elektrochemischen Aufbau haben wie die Zn/Silberoxid-Akkumulatoren, vgl. Abschnitt 4.5, lassen sie sich *nicht* aufladen. Die Porosität der Elektroden ist zu klein, der Einbau zu eng, Gasaustritt nicht möglich, und der Separator kann Zink-Brücken nicht verhindern. Würde man die für das Aufladen erforderlichen Maßnahmen treffen, so ginge der Energieinhalt auf etwa zwei Drittel zurück. Auf dem kommerziellen Markt findet man Zellen im Kapazitätsbereich von 40 bis 200 mAh; größere sind zu teuer. Für Spezialanwendungen, z.B. in der Raumfahrt, sind sie aber bis herauf zu 200 Ah gefertigt worden.

Zn/Silberoxid-Primärzellen sollten gegen höhere Belastung verhältnismäßig unempfindlich sein. Trotzdem werden sie in der Praxis kaum höher als mit dem 20stündigen Entladestrom belastet. Insbesondere für militärische Zwecke werden neben diesen normalen Primärzellen auch automatisch aktivierbare Füllelemente hergestellt. Sie haben positive Elektroden mit hohem Anteil von Ag_2O_2. Die Aktivierung erfolgt durch Gasdruck in 0,5 bis 5 s. Diese mehrzelligen Batterien haben zum Teil beträchtliche Größe, Energieinhalt bei Entladung in 6 min 0,1 bis 10 kWh, Gewicht 5 bis 200 kg.

2.7 Luftsauerstoff-Zellen

Bei diesen Zellen wird Zink als negative und belüftete Kohle als positive Elektrode verwendet. Der Elektrolyt kann eine quasineutrale Lösung von NH_4Cl oder $MnCl_2$ sein. Besonders bei großen Zellen verwendet man daneben Kali- oder Natronlauge. Die Zellen eignen sich in erster Linie für langdauernde Entladung (50 h oder länger). Hier sind sie gleichgroßen Braunstein-Zellen meist überlegen. In den letzten Jahren hat man mit Erfolg versucht, die Zellen auch an höhere Belastung anzupassen. Der Sprachgebrauch ist nicht einheitlich. Im großen und ganzen werden aber die älteren Typen für schwache Belastung als *Luftsauerstoff-Zellen*, die neueren für hohe Belastung als *Zink/Luft*-Batterien bezeichnet, vgl. auch Abschnitt 5.2 c.

Die Vorarbeiten an Luftsauerstoff-Zellen reichen weit ins 19. Jahrhundert zurück. Zellen mit Salmiak-Elektrolyt wurden um 1891 unabhängig von *W. Cohen* und *T.H. Nash* erfunden. Ihre Industrialisierung folgte etwa 1915 durch *Ch. Féry*. Die Zellen mit alkalischem Elektrolyten haben 1894 *W. Walker* und *F.H. Wilkins* erfunden, und etwa 1920 hat *R. Oppenheim* sie in die Fertigung gebracht. Manganchlorid als Elektrolyt wurde erst 1942 von *B. Siller* eingeführt.

Die charakteristische Zellreaktion hängt von der Auswahl des Elektrolyten ab:

$$(-)\ 2\ Zn + 4\ NH_4Cl_2 + O_2\ (+) \longrightarrow 2\ Zn(NH_3)_2 + 2\ H_2O$$

$$(-)\ 4\ Zn + 4\ MnCl_2 + 2\ H_2O + 3\ O_2\ (+) \longrightarrow 4\ ZnCl_2 + 4\ MnOOH$$

$$(-)\ 2\ Zn + O_2 \longrightarrow 2\ ZnO$$

(entladen)

Manganchlorid ist an der stromliefernden Reaktion beteiligt. Alle schematischen Reaktionen weichen stark von den wirklichen Vorgängen ab. Besonders wird im Reaktionsschema die unerwünschte Bildung von Hydroperoxid an der positiven Elektrode vernachlässigt. Diese Nebenreaktion ist auch dafür verantwortlich, daß die unbelastete Spannung nur schlecht definiert ist. Als *Nennspannung* ist für alle Luftsauerstoff-Zellen 1,5 V festgesetzt worden. Bei der Auslegung pflegt man aber von niedrigeren Werten auszugehen.

Das breite Spektrum der Elektrolyte bedingt ziemlich unterschiedliche Zellkonstruktionen. Abb. 6 zeigt schematisch den Aufbau eines prismatischen Luftsauerstoff-Elementes mit Salmiak-Elektrolyt. Die Entladeleistung eines Luftsauerstoff-Rundelementes des gleichen Systems ist in Tabelle 8 angegeben. Einzelheiten über diese und andere Konstruktionen findet man bei [3]. Luftsauerstoff-Zellen werden in erheblicher Stückzahl für elektrische

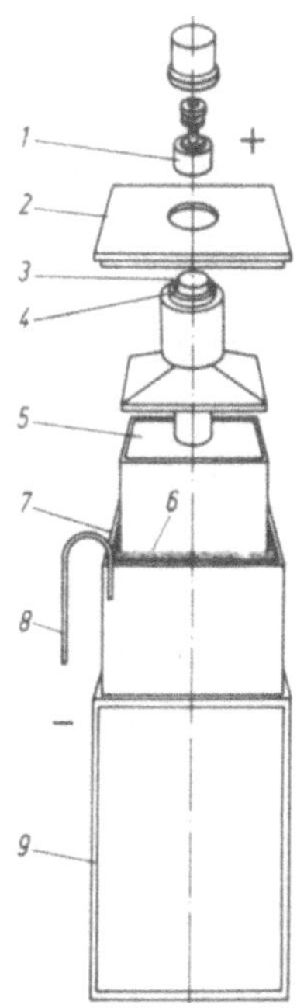

Abb. 6. Auseinandergezogenes prismatisches Luftsauerstoff-Element IEC-AS 4, 57 × 57 × 125 mm, Gewicht etwa 350 g, NH_4Cl-Elektrolyt. *1* Kontaktkappe, *2* Abdeckscheibe, *3* Kohlestift, *4* Luftzuführung, *5* positive Elektrode, mit Gaze umwickelt, *6* Elektrolytpaste, *7* Zinkbecher, *8* Ableiterdraht, *9* Isolierbecher. (Aus: Hütte: Elektrische Energietechnik, Bd. 2. Berlin - Heidelberg - New York: Springer 1978)

Tabelle 8. Entladeleistung eines Luftsauerstoff-Rundelementes mit NH_4Cl-Lösung als Elektrolyt. Temperatur 20°C, Alter der Zelle rund 1 Monat. (Varta Kat.-Nr. 2322), unverbindliche Werte. Typ IEC-AR 40, Durchmesser 67 mm, Höhe 172 mm, Gewicht 570 g

Entladeart	Belastung	Richtwert für die Betriebsdauer (h)		
		bis 1,1 V	bis 0,9 V	bis 0,75 V
5 min Last, 5 min Ruhe, in dauerndem Wechsel	10 Ohm	100	700	850
kontinuierlich	10 Ohm	75	625	800
	50 Ohm	3000	4400	4500
	100	6000	8800	9000

Maximaler Energieinhalt rund 200 Wh/l bzw. 160 Wh/kg

Weidezäune, in Signalanlagen, Signal-Leuchten sowie in der Fernmelde- und Nachrichtentechnik benutzt. Neuere Konstruktionen findet man in tragbaren Funkgeräten, sowie mit Sauerstoff-Flaschen in der Meerestechnik.

Schon Anfang der fünfziger Jahre sind kleine *alkalische Luftsauerstoff-Zellen* für Hörgeräte auf dem Markt gewesen. Ein typischer Vertreter war die Rundzelle 1002 E der Firma Eveready: 15,8 mm Durchmesser, 16,4 mm hoch (ungefähr IEC AR 7). Bei Entladung mit 25 mA bis 0,9 V gab sie rund 1,4 Ah ab, entsprechend 220 Wh/kg bzw. 440 Wh/l. Die gleichgroße Zn/HgO-Zelle MR 7 enthält 100 Wh/kg bzw. 350 Wh/l. Trotz guter Verpackung fielen aber stets 10 bis 20 % der Zellen durch Einwandern von CO_2 in den Elektrolyten aus. Erst neuerdings sind wieder kleine alkalische Luftsauerstoff-Knopfzellen für Hörgeräte auf dem Markt, z.B. Varta Typ 4600 mit 11,6 mm Durchmesser, Dicke 5,4 mm, Kapazität 320 mAh bei Entladung in 100 h bis 0,75 V. Diese Zellen sind durch geänderte Zusammensetzung des Elektrolyten, durch halbdurchlässige Membranen und durch neue Verfahren zur Hydrophobierung gegen Verkrustung durch Carbonate geschützt.

Große alkalische Luftsauerstoff-Elemente mit Kapazitäten bis herauf zu rund 10 000 Ah werden in den USA und in Frankreich verwendet. Vgl. hierzu [3], S. 95 - 102, sowie Abschn. 6.3.

2.8 Sonstige Primärzellen

In geringen Stückzahlen werden für spezielle Anwendungen Zellen anderer elektrochemischer Systeme hergestellt:

Mg/MgBr$_2$ in Wasser/para-Dinitrobenzol
leicht, in der Wärme gut lagerfähig, nur in der Wehrtechnik

Mg/Seewasser/AgCl
Füllelemente, aktiviert durch Eintauchen in Seewasser, für Notlampen an Schwimmwesten und Notsender in Schlauchbooten

Mg/Kochsalzlösung/Kupferchlorid
besonders leichte Füllelemente für automatische Sender an Wetterballons

Pb/H_2SO_4/PbO_2
kleine gas- und säuredicht verschlossene Primärelemente mit dem elektrochemischen System des Bleiakkumulators. Können praktisch nicht geladen werden. Für Geräte mit hoher Stromaufnahme bei konstanter Spannung.

3 Normal-Elemente

Die unbelastete Spannung des Weston-Normal-Elementes dient als Normal der elektrischen Spannung. Gruppen von solchen Elementen werden zur Bewahrung der nationalen Spannungseinheiten benutzt. Die unbelastete Spannung wird Elektromotorische Kraft genannt (EMK) und mit E bezeichnet. Die EMK ist hier also anders definiert als in der Elektrochemie [8].

3.1 Definitionen

Man unterscheidet in Deutschland zwei Arten von Weston-Elementen. Das *Standard-Weston-Element*, auch als ungesättigtes Element bezeichnet, enthält als Elektrolyten eine bei 4°C gesättigte $CdSO_4$-Lösung. Dieses Element hat bei 20°C eine EMK von rund 1,0191 Volt, die pro Jahr um 5 bis 50 µV abnehmen kann. Das ungesättigte Element wird in den USA viel verwendet, weil sein Temperatur-Koeffizient meist zu vernachlässigen ist. In Deutschland findet man es nur selten.

Das *Internationale Weston-Element* hat einen bei allen Temperaturen gesättigten Elektrolyten, der durch einen Bodenkörper von Kristallen aus $CdSO_4 \cdot 8/3\ H_2O$ gewährleistet wird. Die Kristalle liegen auf der negativen Elektrode, die aus Cadmium-Amalgam besteht. Die EMK des Internationalen Weston-Elementes ist hauptsächlich wegen des unterschiedlichen pH-Wertes für jedes individuelle Element etwas anders. Sie liegt bei 20°C meist zwischen 1,01865 und 1,01860 V. Die EMK hängt nach der 1908 zur internationalen Anwendung empfohlenen Gleichung von der Temperatur ab:

$$E_t = E_{20} - [40,6(t-20) + 0,95(t-20)^2 - 0,01(t-20)^3] \cdot 10^{-6} \text{ Volt.}$$

Darin ist E_t die EMK bei der Temperatur t in $^{\circ}C$ und E_{20} die EMK bei $20^{\circ}C$. Der Temperatur-Koeffizient der EMK beträgt demnach bei $20^{\circ}C$ rund $-40\ \mu V/^{\circ}C$. Er kommt durch die Differenz der Temperatur-Koeffizienten der beiden Elektrodenpotentiale zustande. Man findet z.B. bei $20^{\circ}C$ für die Cadmium-Amalgam-Elektrode $-350\ \mu V$ und für die Quecksilber-Elektrode $+310\ \mu V$. Ungleichmäßige Erwärmung der beiden Elektroden muß daher unbedingt vermieden werden. Die Temperatur-Abhängigkeit der heutigen Elemente weicht von der angegebenen Gleichung ab. Sie ist für den Temperaturbereich von 0 bis $40^{\circ}C$ bereits neu bestimmt worden, bis jetzt aber noch nicht international eingeführt. Sie lautet:

$$E_t = E_{20} - \left[39{,}83(t-20) + 0{,}930(t-20)^2 - 0{,}0090(t-20)^3 + 0{,}00006(t-20)^4\right]10^{-6}\ \text{Volt.}$$

3.2 Elektrochemischer Aufbau

Die *negative* Elektrode besteht aus Cadmium-Amalgam mit im Mittel 12 Gew.-% Cadmium. Bei $20^{\circ}C$ besteht es aus einer flüssigen Phase mit etwa 5 Gew.-% und einer festen mit etwa 15 Gew.-% Cd. Die flüssige Phase bestimmt das Elektrodenpotential. Im Bereich des Zweiphasen-Amalgams hängt das Potential der Elektrode nicht vom Mengenverhältnis der beiden Phasen ab, jedoch von der Temperatur.

Der *Elektrolyt* besteht aus einer gesättigten Lösung von $CdSO_4 \cdot 8/3\ H_2O$, das auch als Kristallschicht auf dem Amalgam liegt. Dadurch ist das Sättigungsgleichgewicht gewährleistet. Man setzt dem Elektrolyten so viel Schwefelsäure zu, daß sich ein pH-Wert von $1{,}4 \pm 0{,}2$ einstellt, weil sich herausgestellt hat, daß diese "sauren" Elemente eine besonders konstante EMK haben.

Die *positive* Elektrode besteht aus Quecksilber, das mit der "Paste" bedeckt ist. Sie besteht aus Hg_2SO_4, $CdSO_4 \cdot 8/3\ H_2O$, Hg und Elektrolyt-Flüssigkeit. An der Hg-Elektrode bildet sich eine konstante, der Löslichkeit des Hg_2SO_4 entsprechende Aktivität der Hg_2^{2+}-Ionen aus, die nur von der Temperatur abhängt. Durch die geringe Löslichkeit des Hg_2SO_4 bleibt die Selbstentladung gering.

3.3 Konstruktionen

Das Internationale Weston-Element wird mit verschiedenen Gefäßformen hergestellt, vgl. Abb. 7. Die nicht versandfähigen Elemente, auch *Stammelemente* genannt, enthalten keine elementfremden Substanzen und werden nach der Herstellung abgeschmolzen. Sie dienen hauptsächlich in allen Staatsinstituten zur Bewahrung der nationalen Spannungseinheiten, z.B. in der Physikalisch-Technischen Bundesanstalt (PTB) in Braunschweig.

Die *transportablen* Elemente haben meist Porzellan- oder Glasstempel zum Fixieren der Elektroden. Sie sind entweder mit Kunststoff-Stopfen verschlossen oder abgeschmolzen. Man verwendet sie bei genauen Strom- und Spannungsmessungen im Laboratorium, z.B. in den Eichdirektionen und elektrischen Prüfämtern. Etwa alle 5 Jahre werden sie in der PTB überprüft. Auch die *Elemente mit Glasfritten* haben sich bewährt. Auch sie enthalten keine elementfremden Stoffe. In Geräten mit nicht ganz so hohen Genauigkeitsforderungen werden auch *Einstab-Elemente* verwendet.

Die Gefäße bestehen aus Glas; Quarzglas ist weniger geeignet. Einzelheiten über die Herstellung von Internationalen Weston-Elementen findet man z.B. bei [8], dort ist weitere Literatur angegeben.

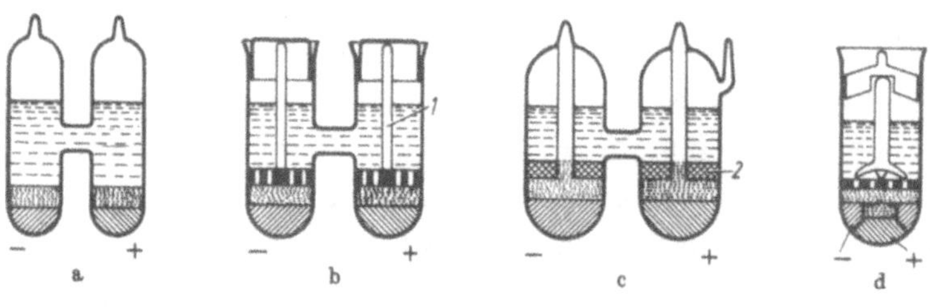

Abb. 7. Zur Zeit gebräuchliche Formen des *Weston-Normal-Elementes*. *a)* Nicht versandfähiges Stammelement, *b)* transportables Element mit Kunststoff-Stopfen, *c)* Element mit Glasfritten, *d)* Einstab-Element im Glasgefäß, *1* Porzellan- oder Glasstempel mit Löchern, *2* Glasfritte. (Aus: Hütte: Elektrische Energietechnik, Bd. 2. Berlin - Heidelberg - New York: Springer 1978)

3.4 Eigenschaften

Die EMK der Stammelemente ist sehr konstant, wenn bei der Herstellung alle Vorschriften und Vorsichtsmaßnahmen beachtet werden. Wenn suprareine Chemikalien verwendet werden, beträgt die Änderung der EMK im Laufe eines Jahres nur etwa 0,1 μV. Diese hohe Konstanz konnte in letzter Zeit durch Vergleichsmessungen mit dem *Josephson*-Effekt bestätigt werden. Die Stammelemente dienen auch zur Kontrolle der internationalen Übereinstimmung zwischen den nationalen Spannungseinheiten. Sie wird alle drei Jahre im Bureau des Poids et Mesures in Paris durchgeführt. Der Vergleich der EMK ist mit hoher Genauigkeit möglich. Die Elemente können, wenn die Temperatur auf 0,001°C konstant gehalten wird, sicher auf 0,1 μV miteinander verglichen werden, oft noch genauer.

Nach Änderungen der Temperatur stellt sich die EMK verschieden schnell auf den zu der neuen Temperatur gehörenden Wert ein. Diese Erscheinung wird als *thermische Hysterese* bezeichnet [8].

Normal-Elemente dürfen grundsätzlich weder in Entlade- noch in Laderichtung mit mehr als 10^{-7} A belastet werden, wenn sie als Spannungsnormale verwendet werden sollen. Elemente ohne Hysterese erholen sich verhältnismäßig schnell, selbst wenn sie kurzzeitig mit Stromstärken von 0,01 mA in Entladerichtung belastet worden sind. Die EMK eines versandfähigen Elementes ohne Hysterese erreicht sogar 24 Stunden nach einem Kurzschluß von 30 Sekunden Dauer ihren Sollwert bis auf 1 oder 2 μV wieder. Wegen des hohen Innenwiderstandes liegt der Kurzschlußstrom um 1 mA. Trotzdem sollte man die Elemente vor solchen Belastungen unbedingt schützen. Sowohl das Laden der Elemente als auch jede Belastung mit Wechselstrom führt schon bei Stromstärken von einigen μA zu einem starken Anstieg der EMK. Je nach Stromstärke und Zeitdauer klingen diese überhöhten Werte oft erst nach Monaten wieder ab.

Der Innenwiderstand der Elemente liegt je nach Konstruktion (Elektrodenfläche, Dicke der Kristallschicht und der Paste) bei rund 500 bis 600 Ohm. Er kann im Laufe der Jahre steigen, wenn sich die Kristalle verbacken.

4 Akkumulatoren (Sekundärelemente)

Die Grundbegriffe sind in DIN 40729 (Oktober 1967) genormt [10]. Die Begriffe "Akkumulator" und "galvanische Sekundär-Zelle" bedeuten das gleiche (die eingedeutschte Bezeichnung "Sammler" ist nicht mehr zu verwenden). Beim Betrieb von Akkumulatoren und Akkumulatoren-Anlagen sind die VDE-Bestimmungen 0510/8.70 [12] zu beachten. Dort findet man auch eine Aufstellung aller einschlägigen VDE-Vorschriften und DIN-Blätter.

4.1 Begriffsbestimmungen

Akkumulatoren sind Energiespeicher, in denen beim Zuführen von Gleichstrom elektrische Energie in chemische Energie umgewandelt und gespeichert wird (Laden). Beim Anschluß eines Stromverbrauchers wird die chemische in elektrische Energie zurückgewandelt (Entladen).

Eine *Akkumulatoren-Batterie* besteht aus mehreren *Zellen*. Jede Zelle hat mindestens je eine, meist jedoch mehrere positive und negative *Elektroden*, vielfach als *"Platten"* bezeichnet. Zur Zelle gehören auch die für Zusammenbau und Anschluß erforderlichen Teile, das Zellengefäß und der Elektrolyt. Zur Kennzeichnung der *Bauart* dient vorwiegend die *Bauart der positiven Platte*. Die positive Elektrode ist beim Laden Anode, beim Entladen Kathode, die negative Elektrode ist beim Laden Kathode, beim Entladen Anode.

Man unterscheidet

offene Zellen ohne elektrolyt-dichte Abdeckung,

geschlossene Zellen mit Deckel und Verschlußstopfen (weder kippsicher noch gasdicht),

kippsichere Zellen, sowie

gasdichte Zellen.

Die Batterie kann aus einzeln aufgestellten miteinander elektrisch verbundenen Zellen bestehen. In *Blockbatterien* bilden dagegen bis zu sechs Zellen durch gemeinsame Wände eine Einheit. Die Zellen können in *Batterieträger* mit teilweise offenen Seiten oder in *Batterietröge* mit geschlossenen Wänden eingebaut sein.

4.1.1 Ruhe und Entladung

Die *Kapazität* ist die entnehmbare Elektrizitätsmenge in Ah. Sie hängt vom Entladestrom, von der unteren Spannungsgrenze (Entlade-Endspannung), von der Dichte des Elektrolyten, von der Temperatur und vom Zustand des Akkumulators ab. Erfolgt die Entladung mit dem genormten *Nennstrom* bis zur Entladeschlußspannung bei Nenntemperatur, Nenndichte und Nennstand des Elektrolyten, so gibt der Akkumulator die *Nennkapazität* ab. Der Entladestrom wird angegeben:

in Ampère oder im Vielfachen der Nennkapazität K:

Beispiel: Entladung einer Zelle mit 0,5 K heißt, daß eine Zelle von K = 100 Ah Nennkapazität mit 50 A entladen wird. Diese Entladung dauert keineswegs 2 Stunden, weil die Nennkapazität meist für den 5stündigen Entladestrom definiert ist, hier also für 0,2 K oder 20 A,

oder (meistens) durch die Angabe der Entladedauer (Entladerate). Eine Zelle wird z.B. unter Nennbedingungen durch den 10stündigen Entladestrom in 10 h, durch den 10minütigen Entladestrom in 10 min entladen.

Die Bezeichnung K_2, K_5, K_{10} usw. bezeichnet die Kapazität bei Entladung mit dem 2stündigen Strom I_2, dem 5stündigen Strom I_5, dem 10stündigen Strom I_{10} usw.

Die *Nennspannung* U ist ein zur Vereinfachung genormter Wert. Sie beträgt pro Zelle

beim Bleiakkumulator 2,0 V,
beim Fe/Ni- oder Cd/Ni-Akkumulator 1,2 V,
beim Zink/Silber-Akkumulator 1,5 V.

Aus den thermodynamischen Daten der charakteristischen Zellreaktion berechnet sich die theoretische unbelastete Spannung U_G. In den meisten Fällen ist die Bezeichnung *Urspannung* synonym mit U_G. In der wissenschaftlichen Elektrochemie ist es im Gegensatz zur Elektrotechnik üblich, die Elektromotorische Kraft (EMK) E mit umgekehrtem Vorzeichen zu versehen: $E = -U_G$. Vergleiche hierzu aber die abweichende Definition bei den Weston-Normal-Elementen, Abschn. 3. An unbelasteten Zellen wird die Spannung U_o gemessen. Sie heißt *offene Spannung*, *Leerlaufspannung* oder unbelastete Spannung. Erreicht sie nach Abschalten des Entladestromes einen Beharrungszustand, so heißt sie Ruhespannung. Liegt auf der Zelle ein Entlade- oder Ladestrom, so hat sie die *Klemmenspannung* U_K. Im allgemeinen stimmt U_G nicht genau mit U_o überein, auch nicht mit der Nennspannung U.

Die Entladung beginnt mit der *Einsatzspannung*. Sie ist relativ schlecht definiert. Statt dessen wird meist die *Anfangsspannung* nach Ablauf von 10 % der Entladezeit angegeben, bei fünfstündiger Entladung also zum Beispiel nach einer halben Stunde. Die *mittlere* Entladespannung ist der Mittelwert über die gesamte Dauer der Entladung. Die *Entladeschlußspannung* ist für jede Zelle und für jede Entladestromstärke genormt. Sie soll nicht unterschritten werden, weil die Zellen sonst geschädigt werden können. Diese durch die Konstruktion der Zelle bedingte Grenze ist nicht zu verwechseln mit der *Endspannung*, unterhalb deren ein angeschlossener Verbraucher nicht mehr einwandfrei arbeitet.

Der *Kälteprüfstrom* einer Starterbatterie[3] ist ein für jede Type festgelegter Entladestrom. Wird die Batterie in der Kälte, meist bei -18°C, mit diesem Strom entladen, so darf die Klemmenspannung U_K nach 30 s den Wert von 1,40 V pro Zelle nicht unterschreiten.

[3] Bleiakkumulator

Bis zum Absinken auf 1,0 V soll die Entladung mindestens 180 s dauern.

Im allgemeinen kann man voraussetzen, daß bei Akkumulatoren bis herab zu etwa einstündiger Entladung kein Unterschied zwischen der kontinuierlich und intermittierend entnehmbaren Kapazität besteht. Erst bei höherer Belastung macht sich die *Erholung* bemerkbar. Sie ist aber in keinem Fall so groß wie bei den Trokkenzellen.

Zwei verschiedene Größen werden als *Wirkungsgrad* bezeichnet, obwohl sie eigentlich beide Ausbeutefaktoren sind. Der Strommengen- oder Ah-Wirkungsgrad ist das Verhältnis der entnommenen zur zugeführten Strommenge. Das Verhältnis der entnommenen zur zugeführten Energie wird als Energie- oder Wh-Wirkungsgrad bezeichnet.

Unter dem *Innenwiderstand* R_i versteht man meist einen globalen Wert, der durch $U_K = U_o - IR_i$ definiert ist. Darin ist U_o die Leerlaufspannung, U_K die Klemmenspannung und I der Entladestrom. Gelegentlich wird auch die *Impedanz* der Zelle nach Betrag und Phase bei bestimmten Frequenzen angegeben.

4.1.2 Laden

Beim Laden beginnt der Akkumulator oberhalb der *Gasungs-Spannung* deutlich zu gasen. Je nach Bauart liegt sie pro Zelle

bei Bleiakkumulatoren	im Bereich von	2,40 - 2,45 V,
bei Cadmium/Nickel-Akkumulatoren	" " "	1,55 - 1,60 V,
bei Eisen/Nickel-Akkumulatoren	" " "	1,70 - 1,75 V,
bei Zink/Silber-Akkumulatoren	" " "	2,05 - 2,10 V.

Bei *Volladung* ist die chemische Umwandlung voll abgeschlossen. Bleiakkumulatoren sind voll geladen, wenn am Ende des Ladens Säuredichte und Klemmenspannung nicht mehr steigen. Alkalische Akkumulatoren sind voll geladen, wenn die nach Vorschrift des Herstellers erforderliche Strommenge zugeführt ist. *Überladen* kann sowohl zu langes Laden bedeuten als auch Laden mit zu großer Stromstärke.

Um die *Selbstentladung* auszugleichen, kann man die meisten Bauarten von Akkumulatoren ununterbrochen mit schwachem Strom laden. Man spricht vom *Erhaltungsladen*, solange den Akkumulatoren kein Strom entnommen wird. Andernfalls benötigt man einen größeren Strom, den *Dauerladestrom*, der auch die Entnahme im Mittel decken muß. In bestimmten Zeitabständen sind *Ausgleichsladungen* (Sicherheitsladungen) durchzuführen, damit in allen Zellen Volladung erreicht wird.

Der *Lade-Verlauf* ist der zeitliche Verlauf von Spannung und Strom während des Ladens. Er hängt von der Kennlinie des Ladegerätes bzw. von der Wahl des Ladeverfahrens ab. Siehe hierzu Kap. 4.6, Ladeverfahren. Am Ende der Volladung darf der *Lade-Schlußstrom* nicht überschritten werden. Bei Zink/Silber-Akkumulatoren gibt es eine Lade-Schlußspannung, die nicht überschritten werden darf. Als *Ladefaktor* bezeichnet man das Verhältnis der zur Volladung erforderlichen Strommenge zur vorher entnommenen. Er ist gleich dem Kehrwert des Strommengen-Wirkungsgrades.

4.1.3 Betriebsarten von Akkumulatoren

Beim *Batterie-Betrieb*, Lade/Entlade-Betrieb oder Zyklen-Betrieb wird der Verbraucher nur aus der Batterie gespeist. Zum Laden wird sie vom Verbraucher getrennt. Beim *Parallel-Betrieb* sind dagegen Verbraucher, Ladestromquelle und Batterie ständig parallel geschaltet. Dabei unterscheidet man den *Puffer-Betrieb*, wenn die Batterie zur Spitzendeckung oder zur Spannungshaltung dient, und den *Bereitschafts-Parallelbetrieb*, wenn die Batterie nur bei Netzausfall Strom liefert. Beim *Umschalt-Betrieb* schließlich liegt der Verbraucher normalerweise am Netz; erst bei Netzausfall wird er auf die Batterie geschaltet.

4.1.4 Lebensdauer

Auch die Lebensdauer von Akkumulatoren hängt von vielen Umständen ab: Betriebsart, Häufigkeit und Tiefe der Entladung, Ladeverfahren, Temperatur. Bei Lade/Entlade-Betrieb wird die Lebensdauer in Zyklen angegeben. Die Lebensdauer gibt dann also an, wie oft man die Batterie laden und entladen kann. Meist wird die Voraussetzung gemacht, daß an jedem Werktag ein voller Zyklus abläuft. Dabei wird zwischen "tiefen" (Entnahme von 75 % und mehr der Nennkapazität) und "flachen" (weniger als 20 %) Zyklen unterschieden. Bei Parallelbetrieb wird die Lebensdauer in Jahren angegeben. Vgl. a. S. 53.

4.2 Blei-Akkumulatoren

Der Blei-Akkumulator [2,9,14,15] ist 1854 erfunden worden.[4] Seit 1884 kennt man, insbes. durch die Arbeiten von *J.H. Gladstone* und *A. Tribe*, seine Theorie. Die charakteristische Zellreaktion

$$\underset{\text{(geladen)}}{(-)Pb + 2\,H_2SO_4 + PbO_2(+)} \longleftrightarrow \underset{\text{(entladen)}}{2\,PbSO_4 + 2\,H_2O}$$

stimmt mit den tatsächlich in der Batterie ablaufenden Vorgängen, abgesehen von extremen Verhältnissen, ziemlich genau überein. Das gilt insbesondere für die unbelastete Spannung U_o und ihren Temperaturkoeffizienten $\partial U_o/\partial T$. Beide hängen von der Aktivität der HSO_4^-- bzw. SO_4^{2-}-Ionen und damit von der Säuredichte ab. Bei einer Dichte (20°C) von 1,24 g/cm^3 entsprechend 4,13 Mol H_2SO_4 pro Liter und bei einer Temperatur von 20°C findet man

freie Reaktionsenthalpie	ΔG =	111,9 Wh pro Mol Pb in der negativen Platte
daraus berechnet	U_G =	2,085 V
gemessen	U_o =	2,086 V
Reaktionsentropie	ΔS =	54 Ws/K pro Mol Pb in der negativen Platte
daraus berechnet	$\partial U_G/\partial T$ =	+0,21 mV/K
gemessen	$\partial U_o/\partial T$ =	+0,24 mV/K

Als Faustformel [14] für die unbelastete Spannung addiert man 0,84 zu dem Zahlenwert der Säuredichte in g/cm^3. Die Summe ergibt auf 0,01 bis 0,02 V genau den Zahlenwert der unbelasteten Spannung in Volt pro Zelle.

---

[4] Vgl. S. 2

Beispiel:

Säuredichte 1,24 g/cm^3

1,24 + 0,84 = 2,08

unbelastete Spannung 2,08 V

Alle an der Entladung beteiligten Stoffe haben geringe Phasenbreiten, beide Elektroden werden in heterogenen Systemen von jeweils zwei festen Phasen entladen. Dabei nimmt in der negativen Elektrode die Menge des Pb ab und die des $PbSO_4$ zu. Entsprechendes gilt für die positive Elektrode. Die elektrochemischen Vorgänge laufen wahrscheinlich nicht als Festkörper-Reaktionen ab, sondern hauptsächlich als heterogene Reaktionen im Elektrolyten unmittelbar an der Elektrode. Die Löslichkeit von Blei in Schwefelsäure ist gering, reicht aber aus, um diesen Ablauf zu ermöglichen. Bei 25°C sind in Säure von 1,05 g/cm^3 rund 6,5 mg/l, bei 1,28 g/cm^3 rund 2 mg/l löslich. Zur Vertiefung wird auf [15] verwiesen.

Die elektrochemischen Äquivalente bei voller Ausnutzung sind 3,86 g Pb und 4,46 g PbO_2 pro Ah. Als Richtwert kann man ansetzen, daß in technischen Batterien bei zehnstündiger Entladung und bei 20°C rund die Hälfte des aktiven Materials ausgenutzt wird. PbO_2 ist ein guter Elektronenleiter; massives PbO_2 leitet etwa so gut wie Quecksilber (ungefähr 10^{-4} Ohm · cm). $PbSO_4$ dagegen ist praktisch ein Isolator. Technische Elektroden haben eine ziemlich hohe Porosität, Richtwert 50 % im geladenen Zustand. Die Poren sind mit Schwefelsäure gefüllt. Die Dichte von Pb ist 11,34 g/cm^3, von β-PbO_2 rund 9,4 g/cm^3 und von $PbSO_4$ rund 6,2 g/cm^3. Beim Laden und Entladen verschiebt sich also in den Platten die Porosität. Die BET-Oberfläche des Blei-Schwamms in geladenen negativen Platten liegt bei rund 0,5 m^2/g. An PbO_2 aus geladenen positiven Platten sind Werte bis herauf zu 10 m^2/g gemessen worden.

Für die Zellreaktion benötigt man 3,65 g H_2SO_4 pro Ah. Schwefelsäure mit einer Dichte von mehr als 1,30 g/cm^3 greift aber metallisches Blei an. Deshalb hat man die Säuredichte nach oben auf 1,28 g/cm^3 begrenzt. Die untere Grenze (etwa 1,05 g/cm^3) ergibt sich aus der Forderung nach ausreichender Leitfähigkeit und ausreichend niedrigem Gefrierpunkt. Setzt man einen Dichtehub von 1,28 bis 1,05 g/cm^3 voraus, so benötigt man rund 10 cm^3 Säure pro Ah. In der Technik liegen die Werte meist höher, weil man mit geringerem Dichtehub arbeitet, weil genormte Gefäße für Zellen unterschiedlicher Kapazität verwendet werden, oder weil besonders große *Schlammräume* vorgesehen werden müssen. Für Starterbatterien sind 10 bis 13 cm^3/Ah typisch; ähnliche Werte gelten für Fahrzeug-Antriebsbatterien mit Gitterplatten. Panzerplattenzellen haben 15 bis 25 cm^3/Ah, ortsfeste Batterien können wesentlich mehr Säure enthalten.

Tabelle 9. Eigenschaften von verdünnter Schwefelsäure bei 20°C

Dichte	1,28	1,05	g/cm^3
Konzentration	4,8	0,8	Mol/l
	36,9	7,4	Gew.-%
Leitfähigkeit	0,7	0,3	Ohm^{-1} cm^{-1}
Gefrierpunkt	-60	-4	°C
Viskosität	2,5	1,0	Centipoise

Die Reinheit ist in der VDE-Vorschrift 0510 genau festgelegt (weitere Zahlen im Anhang).

Die Säuredichte d hängt von der Temperatur t in °C ab; als Faustformel kann man benutzen:

$$d(t) = d(20^\circ C) - 0{,}0007\ (t - 20^\circ C).$$

4.2.1 Konstruktion [9, 14]

Zur Herstellung der aktiven Masse geht man entweder von *Bleistaub* oder von *Mennige* aus. Bleistaub wird aus Feinblei durch Mahlen oder durch Zerstäuben, in beiden Fällen unter Zusatz dosierter Luftmengen hergestellt. Als Anhaltspunkt kann man angeben, daß die Hälfte bis zwei Drittel des metallischen Bleis im Bleistaub als Oxid PbO vorliegen. Unter Mennige versteht der Batteriemann ein rot gefärbtes Bleioxid, das aber keineswegs zu 100 % aus Pb_3O_4 besteht.

Das Ausgangsmaterial wird

in Panzerplatten als trockenes Pulver eingerüttelt,
in Gitter- und Großoberflächenplatten als Pastiermasse, angeteigt mit Schwefelsäure und Wasser, eingestrichen.

Einen Anhalt für die Zusammensetzung der Pastiermasse bietet folgende Rezeptur:

1 kg Bleistaub,
140 g entsalztes Wasser,
60 g Schwefelsäure (Dichte 1,40 g/cm^3).

Den Massen für die negativen Platten werden noch *Spreizmittel* zugesetzt, z.B. 3 g Bariumsulfat, 1 bis 2 g Flammruß sowie bestimmte Holzextrakte, Ligninsulfosäure oder Huminsäure. Diese Zusätze verhindern die Rekristallisation der negativen Platten und halten sie auch nach längerer Zeit voll gebrauchsfähig.

Als Ableiter verwendet man Bleigitter, Bleidrahtharfen oder Profilbleche aus Blei. Sie bestehen meist aus einer Legierung von Blei mit einigen Prozent Antimon und kleinen Zusätzen, z.B. 0,05 bis 0,5 % Sn, oder kleinen Mengen Silber. Auch Arsen (bis etwa 0,15 %) wird zugesetzt. In einigen Fällen benutzt man statt dessen Pb/Ca-Legierungen mit 0,06 bis 0,1 % Ca, sowie mit Zusätzen von Li, Cu, Sn oder Cd. Auch dispersionsgehärtetes Reinblei mit PbO ist als Leitblei vorgeschlagen worden.

Die meist verwendete *Gitterplatte* (engl.: *grid plate*), s. Abb. 8, besteht aus einem Hartbleigitter mit diagonalen oder parallelen Gitterstäben, Gitterteilung 5 bis 25 mm. In diese Gitter wird die Pastiermasse maschinell eingestrichen. Sie bindet ab und bildet einen relativ gut mit dem Metallgitter verklammerten, porösen Massekuchen. Positive Gitterplatten werden in Starterbatterien und in Traktionsbatterien verwendet, neuerdings auch wieder in ortsfesten Batterien. Negative Gitterplatten benutzt man praktisch für alle Bauarten von Bleiakkumulatoren, zusammen mit positiven Gitterplatten, positiven Panzerplatten (s. Abb. 9) und positiven Großoberflächenplatten (s. Abb. 10).

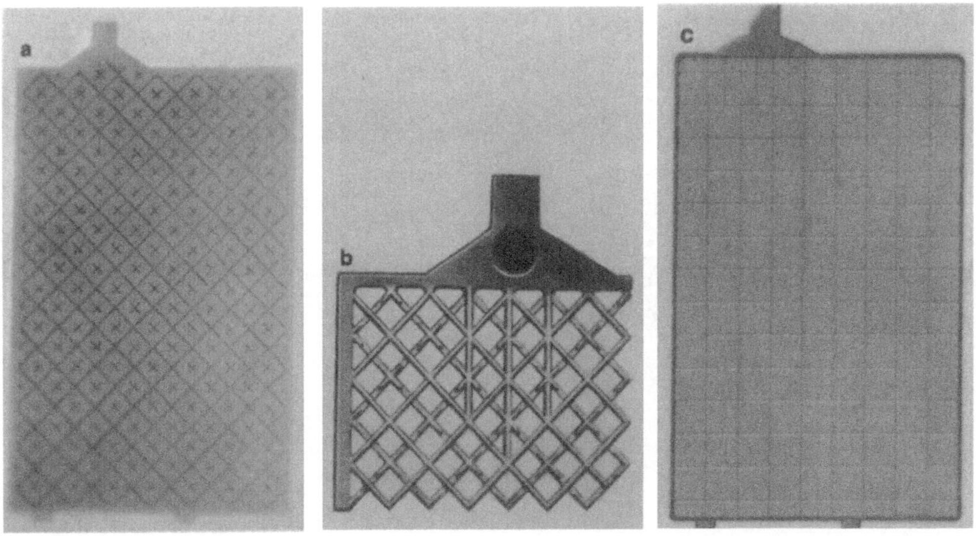

Abb. 8. Gitterplatten aus Bleiakkumulatoren für Fahrzeugantrieb. *a)* positive Gitterplatte (Diagonalgitter), *b)* unpastiertes Diagonalgitter, *c)* negative Gitterplatte

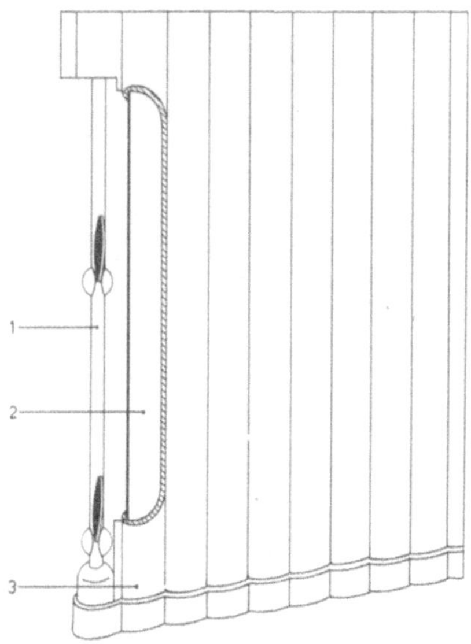

Abb. 9. Aufbau einer (positiven) Panzerplatte. *1* Bleiseele, *2* aktive Masse, *3* poröses Kunststoffrohr

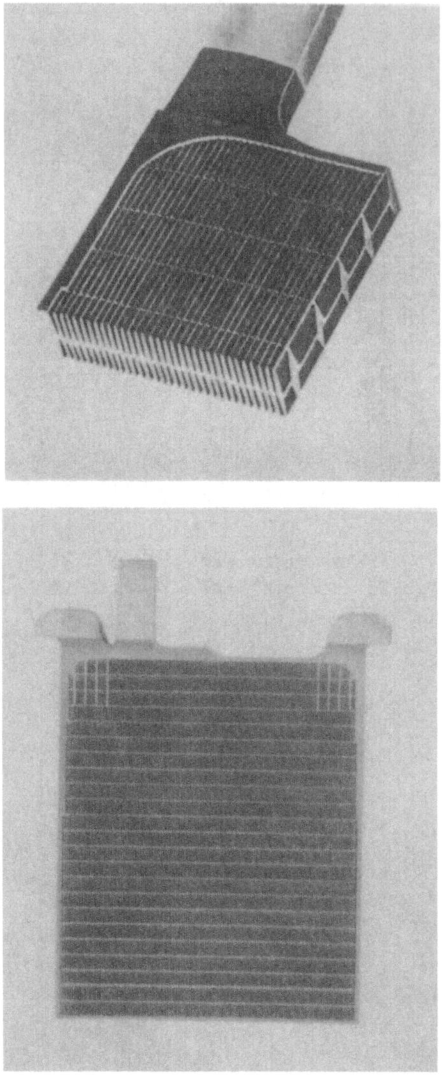

Abb. 10. Aufbau der (positiven) Großoberflächenplatten

Die Panzerplatten-Konstruktion besteht aus einer Harfe von Bleidrähten, die an einem Querhaupt hängen und am unteren Ende durch einen Kunststoff-Abschlußstreifen zusammengehalten werden. Die Drähte, auch "Bleiseelen" genannt (engl.: *spines*), tragen Zentriernasen. Darübergezogen sind einzelne oder miteinander verbundene Röhrchen aus mikroporösem, evtl. glasfaserverstärktem Kunststoff, aus Kunststoff-Vlies, Kunstfaser- oder Glasfasergewebe. In den Zwischenraum zwischen Bleiseele und Panzerrohr wird Bleistaub oder Mennige eingerüttelt. Bei einigen Konstruktionen ist über das feinporöse Rohr noch ein äußeres, gelochtes Stützrohr, z.B. aus Polyvinylchlorid, gezogen. Der Durchmesser der Bleiseelen liegt bei 3 bis 4 mm, der lichte Durchmesser der Rohre bei 5 bis 9 mm. Panzerplatten gibt es nur als positive Platten; sie werden zusammen mit negativen Gitterplatten in ortsfesten Batterien und in Traktionsbatterien verwendet.

Die dritte Plattenkonstruktion ist die Großoberflächenplatte (engl.: *Planté plate* oder *spun plate*), vgl. Abb. 10. Sie besteht aus einer verhältnismäßig dicken (6 bis 10 mm), gegossenen Reinbleiplatte mit vielen feinen Rippen, Teilung etwa 1,5 mm. Durch die Rippen wird die geometrische Oberfläche auf das 7- bis 10-fache vergrößert. Ursprünglich wurde das PbO_2 während der Formation aus dem Gießling herausoxidiert. Heute werden Großoberflächenplatten vor der Formation pastiert. Dadurch wird die Formation beschleunigt. Großoberflächenplatten sind ziemlich schwer, als Anhalt kann die Zahl von 200 kg Blei pro 1000 Ah dienen. Sie haben aber eine besonders lange Lebensdauer und eine sehr günstige Spannungslage beim Entladen. Heute werden Großoberflächenplatten nur noch in ortsfesten Batterien verwendet, zusammen mit negativen Kastenplatten (Gro-Zellen) oder mit negativen Gitterplatten im Engeinbau (GroE-Zellen).

Die pastierten Platten sind auch nach dem Abstehen und Trocknen noch nicht gebrauchsfähig. Vielmehr müssen sie erst einer elektrochemischen Vorbehandlung unterzogen werden, der *Formation*. Sie besteht im wesentlichen aus einer durchgreifenden Ladung unter geeigneten Bedingungen. Sie kann vor oder nach dem Zusammenbau der Zellen erfolgen. Die formierten Platten sind voll geladen. Positive Platten lassen sich durch einfaches Trocknen in diesem Zustand erhalten. Die negativen Platten dagegen würden an feuchter Luft "verbrennen": Das feinverteilte Pb würde sich zu PbO umsetzen. Deshalb müssen die negativen Platten durch Imprägnation mit Borsäure oder Spindelöl, gegebenenfalls durch Scharftrocknen und luftdichten Abschluß konserviert werden.

Heute werden Akkumulatoren nur noch relativ selten in Einzelteilen geliefert, also Gefäße, Platten, Verbinder und Säure getrennt. Dann werden sie an Ort und Stelle montiert. In diesen Fällen ist meist eine besondere Inbetriebsetzungs- oder Erstladung vorgeschrieben. Man wendet dieses Verfahren nur noch bei großen ortsfesten Batterien an. Viele Zellen werden gefüllt und geladen geliefert. Sie brauchen nur aufgestellt, Batterien in Trögen und Blockbatterien nur angeschlossen zu werden. Im gefüllten Zustand dürfen sie aber nicht länger als rund 4 Wochen ohne Ladung stehen bleiben. Besonders Starterbatterien werden vielfach ungefüllt, aber geladen geliefert. Sie können in diesem Zustand viele Monate stehen und müssen vor der Benutzung nur mit Säure gefüllt werden. Wenige Minuten danach haben sie praktisch ihre volle Funktionsfähigkeit erreicht.

Zwischen den Platten sind *Separatoren* oder *Scheider* angeordnet. Sie sollen die mechanische Berührung verhindern, ebenso das Durchwachsen von Bleibrücken. In einigen Fällen werden die Separatoren auch dazu verwendet, das Abfallen von Masse zu verhindern. Heute werden im wesentlichen folgende Typen von Separatoren benutzt:

mikroporöse Separatoren aus Hartgummi,
aus Kunststoffpulver (Polyvinylchlorid, Polyethylen) gesinterte poröse Separatoren,
Vlies-Separatoren, z.B. aus bestimmten säurefesten Cellulose-Typen, gebunden z.B. mit Bakelit, Glasfaser-Vlies.

Um die erforderlichen Säure-Räume zwischen den Platten zu schaffen, werden die Separatoren vielfach gerippt oder gewellt. Manchmal werden auch gelochte, gewellte "Bleche", z.B. aus Decelith®, dazwischengelegt, die ebenfalls als Separatoren bezeichnet werden, obwohl sie lediglich als Abstandshalter mit einer gewissen Federkraft wirken. Vielfach verwendet man Kombinationen von mehreren Separatoren; man spricht dann von Zweifach- oder Dreifachisolation.

Beispiel:

Glasfasermatte an positiven Gitterplatten,
glatte mikroporöse Hartgummiplatte,
gewelltes, gelochtes Kunststoff-"Blech" an der negativen Gitterplatte.

Die Porosität der Separatoren ist hoch, über 50 %. Sie sind mit Säure vollgesogen und erlauben den Ionen einen leichten Durchgang. Trotzdem bilden sie einen Zusatzwiderstand, Größenordnung in Säure mit der Dichte 1,28 g/cm^3 bei 20^oC rund 0,3 $Ohm \cdot cm^2$.

Die Zellen haben Zellengefäße aus Glas, Hartgummi oder Kunststoff, evtl. glasfaserverstärkt. Sie enthalten die Säure und die Platten. Vielfach stehen die Platten unten auf Rippen im Gefäß. Fast alle Zellen enthalten abwechselnd mehrere Platten beider Polaritäten unter Zwischenlage von Separatoren. Die positiven und negativen *Plattensätze* sind an den Plattenfahnen durch Polbrücken verbunden. Beide Plattensätze bilden mit den Separatoren zusammen den Plattenblock. Von den Polbrücken führen die Zellenpole z.B. durch den Deckel nach außen. Dort sind entweder die *Endpole* oder die Zellenverbinder aufgeschweißt. In Starterbatterien werden die Zellen vielfach unterhalb des Deckels verbunden, vgl. Abb. 17, oder sogar durch die Trennwände eines Blockkastens hindurch. Fast immer werden mehrere Zellen in Reihe geschaltet, in größeren ortsfesten Anlagen gelegentlich auch gruppenweise parallel.

Die Zellen tragen meist genormte Bezeichnungen. Darin bedeuten die Buchstaben

GrO	ortsfeste Zellen mit positiven Großoberflächen- und negativen Kastenplatten
GroE, GroEH	ortsfeste Zellen mit positiven Großoberflächen- und negativen Gitterplatten
OPzS	ortsfeste Zellen mit positiven Panzerplatten und negativen Gitterplatten
PzS, PzF	Zellen für Traktionsbatterien[5] mit positiven Panzerplatten und negativen Gitterplatten. PzF ist eine neuere, besonders leichte Bauart
OGiE	ortsfeste Zellen mit positiven und negativen Gitterplatten
GiS, GiF	Zellen für Traktionsbatterien mit positiven und negativen Gitterplatten und Dreifach-Isolation, s. oben. GiF ist eine neuere, besonders leichte Bauart

Starterbatterien haben ebenfalls positive und negative Gitterplatten und sind für die speziellen Bedingungen im Kraftfahrzeug konstruiert. Diese Batterien haben ein eigenes, anderes Zahlensystem zur Kennzeichnung, vgl. Tabelle 12.

[5]Vorwiegend für Fahrzeuge bestimmte Batterien

Die vollständige Bezeichnung der meisten Zellen besteht aus einer Zahl, der oben erklärten Buchstabengruppe und einer zweiten Zahl. Die erste Zahl gibt die Anzahl der positiven Platten an, die zweite die Nennkapazität in Ah. 24 OPzS 6000 bedeutet z.B.: ortsfeste Zelle mit 24 positiven Panzerplatten, Nennkapazität 6000 Ah.

4.2.2 Ortsfeste Bleiakkumulatoren

Heute werden meist OPzS-Zellen oder GroE-Zellen verwendet. Tabelle 10 gibt die technischen Daten einiger Zellen an. Sie sind meist auf Gestellen angeordnet, kleinere Zellen in mehreren Etagen übereinander. Kleinere Zellen stehen gelegentlich auch auf Trägern oder in Schränken.[6] Abb. 11 zeigt den zeitlichen Verlauf der Klemmenspannung und Abb. 12 den zeitlichen Verlauf der Säuredichte in ortsfesten Zellen mit Großoberflächen- und Panzerplatten bei Entladung mit dem ein-, fünf- und zehnstündigen Strom. Man erkennt, daß die Gro-Zellen eine konstantere Spannung haben und daß der Dichtehub der Säure bei den Gro-Zellen kleiner ist als bei den OPzS-Zellen. Die GroE-Zellen liegen dazwischen. Dem günstigeren elektrischen Verhalten der Gro-Zellen steht aber ein wesentlich größeres Gewicht gegenüber. Als Anhaltswert für das Gewicht größerer Zellen kann für Gro : GroE : OPzS das Verhältnis 200 : 140 : 60 dienen. Die Lebensdauer aller drei Zellentypen ist sehr hoch, vielfach sind 1500 Zyklen oder mehr als 10 Jahre im Parallelbetrieb erreicht worden.

Setzt man die zehnstündige Kapazität willkürlich K_{10} = 100 Ah, so kann man eine konsistente Darstellung für die Abhängigkeit der nutzbaren Kapazität vom Entladestrom finden, vgl. Abb. 13. Wenn es nicht auf Feinheiten ankommt, kann man das Verhalten von Zellen mit anderer Kapazität proportional umrechnen.

Neuerdings werden als Notbatterien für Datenverarbeitungs-Anlagen auch ortsfeste Zellen mit positiven und negativen Gitterplatten verwendet, Typ OGiE. Sie sind besonders an die sehr hohe Belastung angepaßt, der sie bei Netzausfall ausgesetzt sind.

---

[6] In absehbarer Zeit werden ortsfeste Batterien elektrisch vollständig isoliert werden müssen: abgedeckte Zellen mit vollisolierten Verbindern

Tabelle 10. Technische Daten ortsfester Bleiakkumulatoren, Einzelzellen der Bauarten GroE und OPzS. Die größte in Deutschland genormte Einzelzelle hat 12480 Ah, PzS-Platten, DIN 40736

Typ-Bezeichnung der Zelle			3 GroE 75	6 GroE 150	17 GroE 1700	22 GroE 2200	4 OPzS 160	5 OPzS 500	12 OPzS 1200	24 OPzS 6000
Kapazität[a]	1/6stdg.	Ah	23	46	425	550	-	-	-	-
	1/2stdg.	Ah	37	74	759	982	-	-	-	-
	1stdg.	Ah	46	92	1003	1298	80	250	633	3120
	3stdg.	Ah	60	120	1383	1788	120	375	900	4320
	5stdg.	Ah	66	132	1530	1980	135	430	1040	5040
	10stdg.	Ah	75	150	1700	2200	160	500	1200	6000
Entladestrom	1/6stdg.	A	138	276	2550	3300	-	-	-	-
	1/2stdg.	A	72	148	1518	1964	-	-	-	-
	1stdg.	A	46	92	1003	1298	80	250	633	3120
	3stdg.	A	20	40	461	596	40	125	300	1440
	5stdg.	A	13,2	26,4	306	396	27	86	208	1008
	10stdg.	A	7,5	15	170	220	16	50	120	600
Ladestrom	Ladenennstrom[b]	A	13,2	26,4	306	396	24	75	180	900
	Strom ab Gasung									
	fallend von	A	6,6	13,2	153	198	11	34	80	400
	auf	A	3,3	6,6	76,5	99	5,5	17	40	200
	oder konstant	A	4,95	9,9	115	148,5	8	25	60	300
Außen-abmessungen	L	mm	153	153	528	573	97	206	210	430
	B	mm	182	182	328	328	200	124	275	642
	H_1	mm	364	364	544	544	360	638	689	880
Zellengewicht	gefüllt	kg	17,5	24,1	251	303	12,5	34,0	87,7	516
Füllsäuremenge		kg	6,6	6	62	64	4,9	12,3	25,2	150

[a] Anfangskapazität mindestens
[b] Nennstrom eines Ladegleichrichters mit Wa-Kennlinie

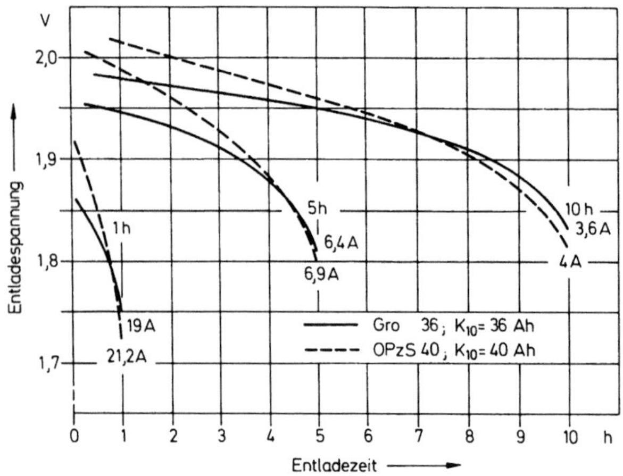

Abb. 11. Zeitlicher Verlauf der Klemmenspannung ortsfester Bleiakkumulatoren mit Großoberflächen- und Panzerplatten bei Entladung mit dem ein-, fünf- und zehnstündigen Strom. Nach [9]

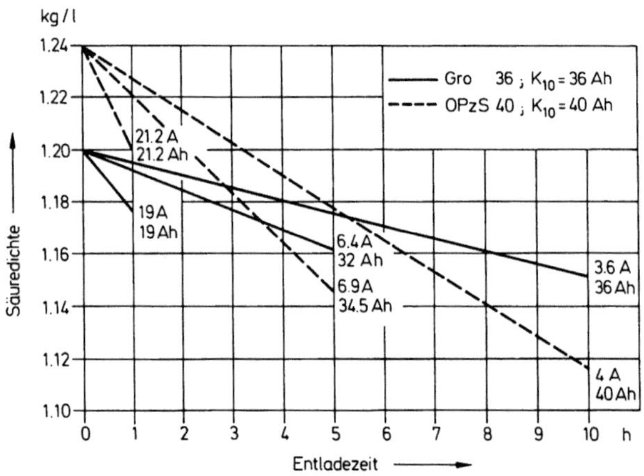

Abb. 12. Zeitlicher Verlauf der Säuredichte in ortsfesten Bleiakkumulatoren mit Großoberflächen- und Panzerplatten bei Entladung mit dem ein-, fünf- und zehnstündigen Strom. Nach [9]

4.2.3 Fahrzeug-Antriebsbatterien

Die Mehrzahl der Traktions-Batterien wird zum Antrieb von Batteriefahrzeugen verwendet:

Flurförderzeuge, z.B. Gabelstapler
Grubenlokomotiven
Elektro-Straßenfahrzeuge
Elektro-Boote
Akkumulatoren-Triebwagen
Verschiebelokomotiven
außerdem für die Zugbeleuchtung

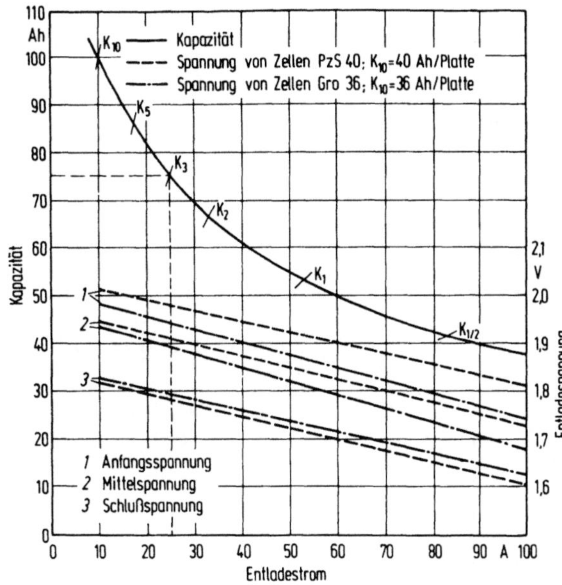

Abb. 13. Kapazität und Entladespannung ortsfester Bleiakkumulatoren mit Großoberflächen- und Panzerplatten bei 20°C. Zehnstündige Kapazität $K_{10} = 100$ Ah gesetzt. Nach [9]

Meist verwendet man PzS-Zellen, gelegentlich auch GiS-Zellen. Den Panzerplattenzellen wird trotz ihres höheren Preises die größere Wirtschaftlichkeit nachgesagt. Tabelle 11 enthält technische Daten einiger Einzelzellen für Fahrzeugantrieb. Die Zellen werden in genormte Stahltröge eingebaut, nach DIN 40748, Blatt 1 (Schienenfahrzeuge), nach DIN 43572, Blatt 1, 2, 4, 5 (Elektrokarren und -Stapler), nach DIN 43575 (Zugbeleuchtung). Für kleinere, z.B. deichselgeführte Flurfördergeräte werden Starterbatterien mit Sonderisolation[7] verwendet, weil entsprechende kleine Traktions-Batterien nicht marktgängig sind, vgl. Tabelle 12.

[7] d.h. mit besonderen Separatoren, vgl. S. 42

Tabelle 11. Technische Daten von Fahrzeug-Antriebsbatterien, Bleiakkumulatoren, Einzelzellen der Bauart PzS

Normbezeichnung				5 PzS 500	6 PzS 600	8 PzS 800
Kapazität[a]		1stündig	Ah	330	396	528
		3stündig	Ah	440	528	704
		5stündig	Ah	500	600	800
Entladestrom		1stündig	A	330	396	528
		3stündig	A	147	176	235
		5stündig	A	100	120	160
Ladestrom		Ladenennstrom[b]	A	80	96	128
		Strom ab Gasung				
		fallend von	A	40	48	64
		auf	A	20	24	32
		oder konstant	A	25	30	40
Gefäßmaße	Breite		mm	198	198	198
	Länge		mm	101	119	155
	Höhe	Normalausführung	mm	565	565	565
		Schiffsausführung	mm	605	605	605
		Ex-Ausführung	mm	565	565	565
Zellengesamthöhe		Ausführung GLP	mm	592	592	592
		Ausführung SWP	mm	585	585	585
		Schiffsausführung	mm	632	632	632
		Ex-Ausführung	mm	616	616	616
Zellengewicht		gefüllt	kg	33,5	38,6	50,8
		ungefüllt	kg	26,6	31,6	41,6
Füllsäure			kg	7,0	8,5	11,1

[a] Bei 30 °C: Anfangskapazität mindestens 85 %
[b] Nennstrom des Ladegleichrichters bei Wa-Kennlinie

GLP = glatter Pol
SWP = Schweißpol

Tabelle 12. Technische Daten von Starterbatterien. Bleiakkumulatoren in Blockkästen mit relativ dünnen positiven und negativen Gitterplatten. Nenndichte der Säure 1,28 g/cm³

Genormte Typen-bezeich-nung	Nenn-spanng. (V)	20stdg. Kapazität bei 27°C (Ah)	Kälte-prüfstrom A	max. Außenmaße (mm)			Masse (kg)		Bemerkungen
				Länge	Breite	Höhe	unge-füllt	gefüllt	
0 66 16	6	66	270	188	170	191	7,6	10,3	
5 36 14	12	36	175	210	175	175	9,2	12,2	Kunststoff-Kasten
5 36 24	12	36	175	210	175	175	8,4	11,7	Polypropylen-Kasten
5 36 26	12	36	175	210	175	175	8,5	11,8	wie vor, mit Sonde
5 44 11	12	44	210	231	175	223	13,5	17,3	
5 44 19	12	44	210	225	175	205	12,4	16,0	verschiedene Kasten- u. Deckel-Konstruktion
5 44 32	12	44	210	234	175	205	12,5	16,1	
5 44 34	12	44	210	208	175	190	9,5	13,3	Polypropylen-Kasten
5 45 37	12	45	220	249	175	175	10,1	14,4	wie vor, mit Sonde[b]
5 55 19	12	55	255	267	175	205	14,9	19,5	
5 66 13	12	66	300	336	175	205	17,5	22,9	
5 88 12	12	88	395	420	175	205	22,5	29,9	
5 88 15	12	88	395	410	175	190	17,5	24,6	Polypropylen-Kasten
6 20 11	12	120	400	513	223	240	36,9	48,9	
7 04 13	12	204	600	523	295	250	54,4	69,7	
6 20 19	12	120	–[a]	513	197	240	36,7	45,6	mit Sonderisolation
7 00 17	12	200	–[a]	523	295	250	59,3	75,3	

[a] Nicht als Starterbatterien, sondern für Lade/Entladebetrieb konstruiert
[b] Die Sonde ist ein Bleidraht zur Überwachung des Säurestandes

Abb. 14 und 15 zeigen Gewicht (kg/kWh) und Raumbedarf (l/kWh) von PzS-Zellen für Fahrzeugantrieb, bezogen auf den fünfstündigen Energieinhalt. Erwartungsgemäß sind Gewicht und Raumbedarf um so günstiger, je größer die Zellen sind. Abb. 16 zeigt den Verlauf der Klemmenspannung von Fahrzeug-Antriebszellen bei verschieden hohem Entladestrom. Die Abbildung bezieht sich auf Zellen mit einer bestimmten Panzerplatte, PzS 120, die eine Nennkapazität von 120 Ah hat. Wenn in der Zelle z.B. fünf positive Platten parallel geschaltet sind - die Zelle heißt dann 5 PzS 600 -, ist die entnehmbare Kapazität mit der Anzahl der positiven Platten zu multiplizieren. Man erkennt auf dieser Abbildung zugleich die Festlegung der (genormten) Entladeschlußspannung in Abhängigkeit von der Belastung. Der Nennstrom von 24 Ah/Platte bezieht sich bei Traktionsbatterien auf die fünfständige Entladung.

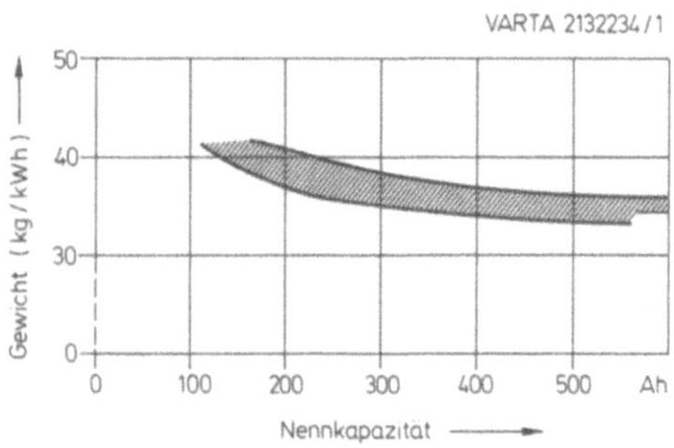

Abb. 14. Gewicht in kg/kWh von PzS-Zellen für Fahrzeugantrieb, bezogen auf den Energieinhalt bei fünfstündiger Entladung

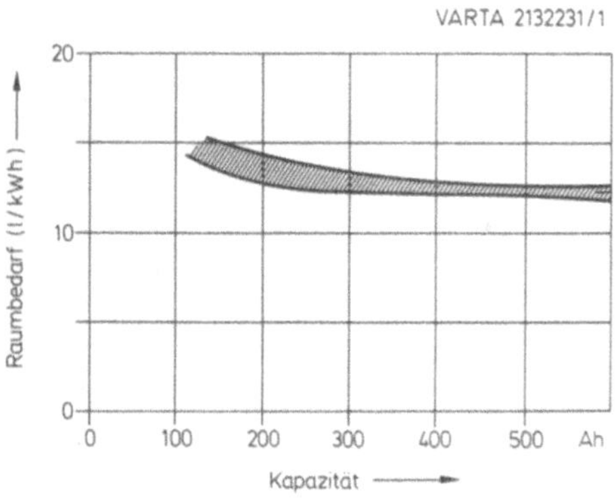

Abb. 15. Raumbedarf in l/kWh von PzS-Zellen für Fahrzeugantrieb, bezogen auf den Energieinhalt bei fünfstündiger Entladung

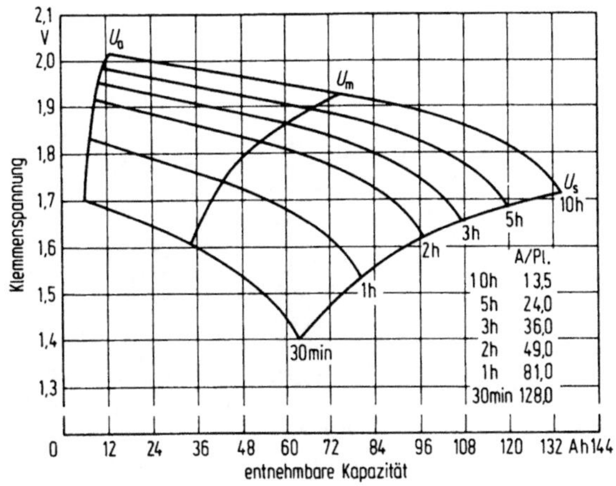

Abb. 16. Entladekurven von Zellen mit Panzerplatten PzS 120. Nennkapazität pro positiver Platte 120 Ah. U_a: Anfangs-, U_m: mittlere, U_s: Entladeschluß-Spannung. (Aus: Hütte: Elektrische Energietechnik, Bd. 2. Berlin - Heidelberg - New York: Springer 1978)

4.2.4 Starterbatterien

Abbildung 17 zeigt den Aufbau einer Blockdeckel-Starterbatterie. Der Blockkasten aus Hartgummi oder Kunststoff hat für jede Zelle eine eigene Abteilung. Außen trägt er die Bodenbefestigungsleisten, mit denen die Batterie im Kraftfahrzeug befestigt wird. Man erkennt den Aufbau der Zellen aus positiven und negativen Gitterplatten, hier mit gewellten Sinterscheidern. Die Plattensätze sind an Plattenverbinder (Polbrücken) geschweißt. Die Zellenverbindung erfolgt über die Zwischenwände unter dem Blockdeckel. Sechs Zellen ergeben zusammen eine Nennspannung von 12 V. Der Blockdeckel ist mit dem Blockkasten verklebt. Die Polschäfte der beiden äußersten Polbrücken ragen durch die Bleibuchsen im Blockdeckel. Schäfte und Buchsen werden verschweißt, wobei gleichzeitig die Anschlußpole aufgesetzt werden. Die Füllöffnungen im Deckel erlauben das Füllen der Batterie mit Säure und das Nachfüllen von Wasser. Durch die Verschlußstopfen wird der Austritt von Säuretropfen oder -nebel verhindert, während das sich entwickelnde Gas entweichen kann. Auf dem Typenschild sind Typnummer, Nennspannung, zwanzigstündige Kapazität und Kälteprüfstrom angegeben. Tabelle 12 enthält die technischen Daten für

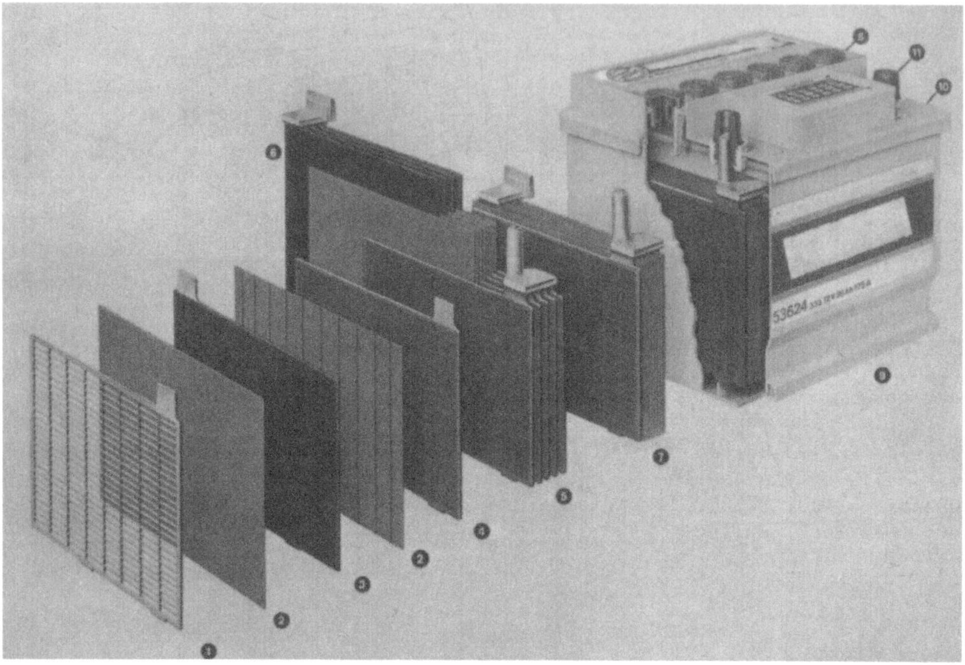

Abb. 17. Aufbau einer Starterbatterie. Bleiakkumulatoren, Blockkasten aus Polypropylen, einteiliger Blockdeckel. *1* Gitter, *2* Separator, *3* positive Platte, *4* negative Platte, *5* positiver Plattensatz, *6* negativer Plattensatz, *7* Plattenblock, *8* Verschlußstopfen, *9* Blockkasten mit Bodenleisten zur Befestigung, *10* Blockdeckel mit Polbuchsen, *11* Endpol

einige Starterbatterien, darunter auch zwei Typen mit Sonderisolation, die nicht als Starterbatterien, sondern für den Antrieb von kleinen Flurfördergeräten gedacht sind. Nicht alle Starterbatterien sind Blockdeckelbatterien. Man findet daneben noch ältere Konstruktionen mit getrennten Zellendeckeln; teilweise liegen die Zellenverbinder frei, teilweise sind sie vergossen. Die neueste Entwicklung sind Batterien mit Polypropylen-Kasten, die viele fortschrittliche Konstruktionsmerkmale haben und eine rationelle Fertigung erlauben.

Eine neue Ausführung sind die wartungsfreien, genau gesagt, wartungsarmen Batterien. Beim Laden verlieren Bleiakkumulatoren Wasser, hauptsächlich durch die Entwicklung von Wasserstoff und Sauerstoff. Ordnet man in den Zellen geeignete Katalysatoren an, z.B. am Deckel oder im Stopfen, so kann man Wasserstoff und

Sauerstoff wieder zu Wasser vereinigen. Wenn man für ausreichende Wärmeabfuhr sorgt, so tropft das Wasser in die Zelle zurück. Obwohl die Bildung von Wasserstoff und Sauerstoff nicht immer völlig stöchiometrisch erfolgt, kann man doch erreichen, daß die Batterien während ihrer ganzen Lebensdauer ohne Nachfüllen von destilliertem Wasser auskommen. Die *Lebensdauerstatistik* sagt aus, daß die Batterien unter den besonderen Bedingungen im Kraftfahrzeug meist etwa 2 1/2 Jahre halten.[8]

Starterbatterien werden in Kraftfahrzeugen, Schleppern, Motorbooten und Notstromaggregaten verwendet, auch in Flugzeugen. Durch besondere Stopfen können sie kippsicher und sogar kunstflugtauglich gemacht werden. Mit (oft sogar ohne) Sonderisolation verwendet man sie als Antriebsbatterien für kleine Flurfördergeräte, kleinere Elektroboote, Rasenmäher, Golfwagen, Transportroller, Kinderfahrzeuge und nicht zuletzt als Bordbatterien für Segelboote. Eine besondere Gruppe sind die Motorradbatterien, von denen die ältesten Typen nur für Zündung und Licht, nicht dagegen zum Starten geeignet sind. Eine andere Gruppe sind die Großstarterbatterien mit GiS- oder GroE-Zellen, teilweise ebenfalls in Blockkästen.

4.2.5 Sonstige Bleiakkumulatoren

Nur kurz besprochen sei eine Reihe von weiteren Konstruktionen. Dabei handelt es sich um relativ kleine Bleiakkumulatoren, die aber z.T. in erheblichen Stückzahlen gefertigt werden:

Kleinakkumulatoren in geschlossener Bauart, Zellentyp Gro, GroQ (mit vergrößertem Säureraum), mit positiven Großoberflächenplatten und negativen Kastenplatten, z.T. auch mit anderen Plattentypen. Die Zellengefäße bestehen aus Glas oder Kunststoff und sind oben vergossen. Meist montiert man die relativ kleinen Zellen auf Trägern oder in Schränken. Auch Blockbatterien mit zwei bis drei Zellen werden hergestellt. Der Kapazitätsbereich liegt zwischen 4 und 20 Ah. Sie werden meist für kleinere *Fernmeldeanlagen* verwendet.

Hauptsächlich in *Fotoblitzgeräten* findet man kleine zwei- und dreizellige Blockbatterien mit Gitterplatten-Zellen. Sie haben eine Kapazität von etwa 3 Ah und sind kippsicher. Die Säuredichte und damit der Ladezustand kann durch farbige Schwimmer in einem

---

[8] Neuerdings wird in der Normung der Begriff "Lebensdauer" durch "Haltbarkeit" ersetzt

besonderen, außen angebrachten Rohr kontrolliert werden. Die Zellen enthalten freie Säure, sind aber durch eine besondere Stopfen- und Deckelkonstruktion kippsicher und können meist geladen werden, ohne daß die Stopfen geöffnet werden müssen. Ähnliche oder etwas größere Batterien sind auch in Motorrollern verwendet worden.

Seit langem weiß man, daß sich Schwefelsäure mit einem geeigneten Kieselsäure-Gel zu einer steifen thixotropen Paste verdikken läßt. Auch mit diesem festgelegten Elektrolyten lassen sich Kleinbleizellen verwirklichen. Sie werden in der Bundesrepublik Deutschland mit 1 bis 50 Ah zwanzigstündig, als Blockbatterien mit 2, 3 und 6 Zellen hergestellt. Diese Zellen sind weitgehend wartungsfrei und sind bis auf eine Drucksicherung verschlossen. Die Selbstentladung der Zellen mit festgelegter Säure ist mit nur 3 % pro Monat bei 20°C sehr niedrig. Sie können für einige Sekunden mit sehr hohen Strömen belastet werden, eine 1-Ah-Zelle z.B. mit 20 A. Man verwendet sie deshalb zum Betätigen von Schaltrelais usw. Damit die Zellen nicht in die Gasung kommen, muß die Ladespannung im Zyklenbetrieb auf 2,35 V begrenzt werden. Ähnliche Zellen sind auch mit den Außenabmessungen der Monozelle (Trockenzelle IEC R 20, Durchmesser 33 mm, Höhe 58 mm) im Handel. Wartungsfreie Bleiakkumulatoren sind bei Kapazitäten von mehr als 5 Ah wirtschaftlicher als gasdichte Cd/Ni-Akkumulatoren. Vor allem können sie einfach an Konstantspannung auf Erhaltungsladung gehalten werden (2,23 ± 0,02 V/Zelle).

4.3 Cadmium/Nickel- und Eisen/Nickel-Akkumulatoren

4.3.1 Allgemeines

Stahlakkumulatoren[9] [4,9,11] gibt es mit Eisen oder Cadmium als negativer Elektrode. Die charakteristischen Zellreaktionen

---

[9] Im deutschen Sprachraum ist die Bezeichnung "Stahl-Akkumulator" als Oberbegriff für Fe/Ni- und Cd/Ni-Akkumulatoren gebräuchlich. Sie ist aber nicht normengerecht und wird mit Rücksicht auf internationale Gepflogenheiten wahrscheinlich in absehbarer Zeit verschwinden

$$(-)Fe + 2\,H_2O + 2\,NiOOH\,(+) \longleftrightarrow Fe(OH)_2 + 2\,Ni(OH)_2$$

(geladen) (entladen)

gemessene EMK (20°C) rund 1,4 V

und

$$(-)Cd + 2\,H_2O + 2\,NiOOH\,(+) \longleftrightarrow Cd(OH)_2 + 2\,Ni(OH)_2$$

(geladen) (entladen)

gemessene EMK (20°C) rund 1,35 V[10]

stimmen mit den tatsächlich in der Batterie ablaufenden Vorgängen nur sehr grob überein. Als Elektrolyt wird Kalilauge mit einer Dichte von etwa 1,17 bis 1,19 g/cm^3 (bei 20°C) verwendet. Sie ist an der Zellreaktion praktisch nicht beteiligt. Jedenfalls kann man die Laugendichte nicht als Maß für den Ladezustand verwenden. Die Stahlakkumulatoren sind um die Jahrhundertwende von *T.A. Edison* (mit Eisen) und *W. Jungner* (mit Cadmium) erfunden worden. Sie sind nicht leichter und kleiner als Bleiakkumulatoren mit gleichem Inhalt und beträchtlich teurer. Andererseits bieten sie Vorteile: Sie sind mechanisch und elektrisch sehr robust, können notfalls jahrelang entladen stehen und sind ziemlich unempfindlich gegen Bedienungsfehler. Zellen mit Cd-Elektroden arbeiten auch in großer Kälte noch hervorragend.

Die elektrochemischen Äquivalente bei voller Ausnutzung sind 1,04 g Fe oder 2,1 g Cd und 3,42 g NiOOH pro Ah. Als Richtwert kann man ansetzen, daß in technischen Batterien bei fünfstündiger Entladung bei Fe rund ein Viertel, bei Cd rund die Hälfte und bei NiOOH je nach Plattenkonstruktion 70 bis 85 % des aktiven Materials ausgenutzt wird. Die Nennspannung aller Stahlakkumulatoren ist genormt zu 1,2 V pro Zelle.

4.3.2 Die Elektroden

Nickelmasse

Aus einer Lösung von Nickelsulfat wird grünes $Ni(OH)_2$ gefällt, getrocknet und zerkleinert. Es leitet schlecht, Richtwert

---

[10] Im einzelnen von Tye u. Mitarbeitern untersucht [70]

10^8 Ohm · cm.[11] Deshalb kann man es ohne Zusatz von Leitmittel nur in dünnen Schichten verwenden. Dem kommt entgegen, daß im Akkumulator bei der Formation die Leitfähigkeit stark erhöht wird. Möglicherweise wird bei der Formation Li in das $Ni(OH)_2$-Gitter eingebaut. Dadurch färbt es sich dunkel und leitet wesentlich besser.

An geladenen Nickelmassen ohne Leitmaterial mißt man größenordnungsmäßig 10^3 Ohm · cm, an entladenen Nickelmassen größenordnungsmäßig 10^4 Ohm · cm. Je nach Plattenkonstruktion (s. den nächsten Abschnitt) wird das Nickelhydroxid mit oder ohne Leitmittel verarbeitet. Für Taschenplatten und für die Masseplatten in gasdichten Akkumulatoren mischt man das Nickelhydroxid im Verhältnis 4 : 1 bis 9 : 1 mit Graphit. Diese Massen haben einen Elektronenwiderstand in der Größenordnung von 0,1 Ohm · cm. In Röhrchen-Platten wird $Ni(OH)_2$ in Schichten von 0,25 mm Dicke abwechselnd mit Schichten aus metallischen Nickel-Flittern eingestampft, vgl. Abb. 18. In Faltband- und Sinterplatten wird es ohne leitende Zusätze verwendet, aber nur in dünner Schicht. Nickelmassen enthalten manchmal Zusätze von Kobalt-Verbindungen

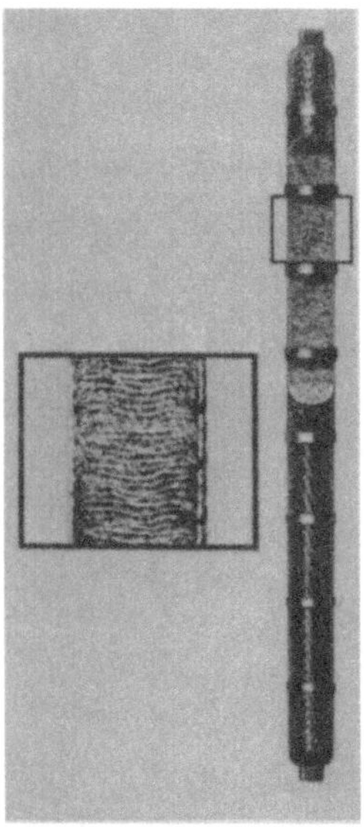

Abb. 18. Teilweise aufgeschnittenes positives Röhrchen. Die Vergrößerung zeigt die Schichtenfolge. *Dunkel:* Nickelhydroxid, *hell:* Nickelflitter

[11] Gemessen bei einem Druck von 1000 bar mit niedriger Feldstärke. Alle an Nickelmassen gemessenen Werte streuen von Probe zu Probe stark und hängen von der Vorgeschichte ab

zur Stabilisierung, deren Wirkung aber umstritten ist. Über die "anti-polaren" Zusätze wird bei den gasdichten Akkumulatoren gesprochen, vgl. Abschn. 4.4.

Eisenmasse

Aus Eisen-Verbindungen wird ein synthetisches Fe_3O_4 erzeugt und zum Füllen von Taschenplatten verwendet. Es leitet ausreichend, um die Formation zu ermöglichen. Für die Kupfer/Eisen-Preßplatten wird das Fe_3O_4-Pulver etwa im Verhältnis 2 : 1 mit Kupferpulver vermischt und in beheizten Formen gepreßt. Nach der Formation ist metallisches Eisen in den Platten vorhanden, auch noch nach dem Entladen. Man kann also ohne Leitmittel auskommen. Die Hydroxide $Fe(OH)_2$ und $Fe(OH)_3$ sind praktisch Isolatoren. Eisenmassen enthalten oft einige Prozent HgO als Zusatz. Wahrscheinlich bilden sich bei der Formation Quecksilbertröpfchen, die als Leitmaterial dienen.

Cadmium-Masse

Zur Herstellung der Cadmium-Masse wird zunächst elektrolytisch metallisches Cadmium-Pulver abgeschieden. Schon in dieser Stufe wird unter Umständen etwas Eisen zugesetzt, das später als Spreizmittel das Zusammenwachsen der Cadmium-Körner verhindert. Das Metallpulver wird getrocknet und mit Luft zu CdO oxidiert. Es hat unter Druck von 30 MPa einen spezifischen Widerstand von etwa 10 Ohm • cm. Bei der Formation bildet sich metallisches Cadmium. Durch die Entladung entsteht $Cd(OH)_2$, das sehr schlecht leitet. Auch nach der Entladung sind aber noch ausreichende Anteile von metallischem Cd vorhanden, um die erforderliche Elektronenleitfähigkeit sicherzustellen.

Elektrolyt

Der Elektrolyt von Stahlakkumulatoren besteht aus verdünnter Kalilauge mit einer Dichte von rund 1,19 g/cm^3. Meist verwendet man einen Zusatz von 5 bis 15 g LiOH pro Liter. Für den Allgemeingebrauch kann man die zulässige obere Grenze der Dichte mit 1,19 g/cm^3 angeben (s. Tabelle 13). Erhöht man die Konzentration über diese Grenze hinaus, so beginnt bei Zimmertemperatur und darüber die Nickelmasse zu quellen und kann die Plattenstruktur zerstören. Andererseits verschlechtern sich unterhalb von 1,15 g/cm^3 die elektrischen Eigenschaften der Zellen merklich.

Tabelle 13. Eigenschaften von verdünnter Kalilauge bei 20°C. In Stahlzellen für normale Betriebstemperaturen wird Lauge mit 1,19 g/cm^3 verwendet, nur in Zellen für sehr große Kälte geht man über eine Dichte von 1,19 g/cm^3 hinaus

Dichte	1,19	1,24[a]	g/cm^3
Konzentration	4,3	5,5	Mol/l
	-20	25	Gew.-% KOH
Beginn der Eisabscheidung	-24	-42	$^\circ$C
vollständige Erstarrung erst unter -70°C			
Lithium-Gehalt 5 bis 15 g/l			
Leitfähigkeit	0,5	0,55	Ohm^{-1} cm^{-1}

[a]Anwendung unterhalb von -15°C. Weitere Zahlen im Anhang

Für Zellen, die in großer Kälte (nur mit negativen Cd-Platten möglich) arbeiten, geht man über 1,19 g/cm^3 hinaus. Selbst mit Lauge der Dichte 1,40 g/cm^3 ist schon befriedigend gearbeitet worden. Lauge scheidet beim Abkühlen Nadeln aus reinem Eis ab, wobei die Konzentration der flüssigen Phase naturgemäß steigt. Völlig erstarrt die Kalilauge erst bei rund -70°C. Die Eisnadeln erhöhen aber den Innenwiderstand stark. Die Lauge nimmt CO_2 aus der Luft auf. Wenn die positive Platte Graphit enthält, entsteht durch anodische Oxidation beim Laden ebenfalls CO_2. Dadurch wird in der Lauge Kaliumcarbonat erzeugt, das den Innenwiderstand erhöht.[12] Es wird empfohlen, die Lauge zu wechseln, wenn 60 g K_2CO_3 bzw. 30 g CO_2 pro Liter überschritten werden. Reinheitsvorschriften für Lauge und Nachfüllwasser sind in VDE 0501 zusammengestellt.

[12]Auch die Kapazität der negativen Elektrode wird durch das Carbonat herabgesetzt

4.3.3 Bauarten der Platten

Meist verwendet werden *Masseplatten*, in denen die verdichtete aktive Masse entweder in flachen Taschen aus perforiertem Stahlblech, in perforierten Röhrchen aus Stahlblech oder in Nickeldrahtgewebe eingeschlossen ist. Bei den Faltbandplatten wird ein aufgerauhtes Stahlband gefältelt, dünn mit angeteigtem $Ni(OH)_2$ bestrichen und dann Ziehharmonika-artig zusammengepreßt. Die aktive Masse sitzt dann in den Falten. Die Kupfer/Eisen-Platten gehören ebenfalls in diese Gruppe.

Die andere große Gruppe von Platten sind die *Sinterplatten*. Sie bestehen aus einem steifen oder flexiblen Träger, auf den Nickelpulver hochporös aufgesintert ist, Porenvolumen über 70 %. Die aktive Masse wird durch Tränken mit der entsprechenden Salzlösung und anschließende Fällung eingebracht. Die aktive Masse liegt in dünner Schicht in den Poren des Sinterlings und erlaubt deshalb besonders hohe Belastung. Je nach Flexibilität und Dicke unterscheidet man Sinter- und Sinterfolien-Platten.

4.3.4 Konstruktion der Zellen [4]

Die Bauart der Zellen wird auch bei den Stahlakkumulatoren nach der Bauart der positiven Platte bezeichnet. Als Beispiel zeigt Abb. 18 den Aufbau einer *Taschenplatten-Zelle* in der Ausführung für Einbau in Holzträgern. Die positiven und negativen Taschenplatten werden zusammen mit den *Polbolzen* zu Plattensätzen verschraubt. Eigentliche *Separatoren* gibt es nur in Stahlakkumulatoren mit Sinterplatten, in einigen Zellen für Mützenlampen und Grubenlampen, sowie in gasdichten Zellen. In Abb. 19 wird ein netzartiger Plattenisolator verwendet, um die Berührung zu verhindern. Das *Zellengefäß* besteht aus Stahlblech, hier mit Aufhängenocken. Es gibt Zellen, bei denen das Gefäß außen einen Isoliermantel trägt. Andererseits gibt es auch Ausführungen, bei denen das Zellengefäß elektrisch leitend mit einem der Pole verbunden ist. Auch Zellengefäße aus Kunststoff werden verwendet.

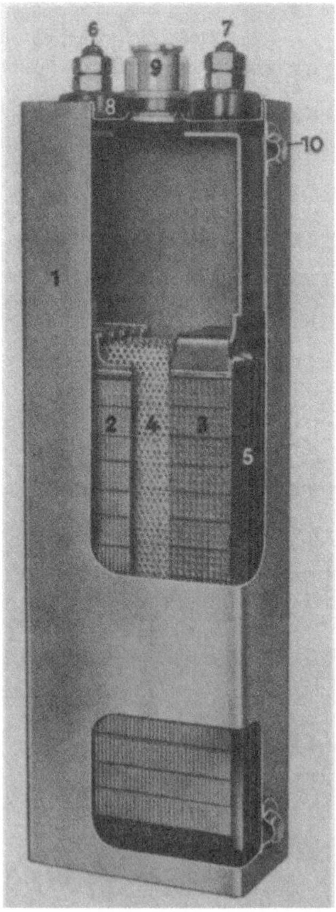

Abb. 19. Schnitt durch eine Taschenzelle mit hohem Elektrolytstand im Stahlblechgefäß. *1* Zellengefäß, *2,3* positive und negative Platte, *4* Abstandshalter, *5* Randisolator, *6,7* positiver und negativer Pol, *8* Polbolzendichtung, *9* Zellenverschluß, *10* Knopfblech für Einbau in Holzträger

In Stahlakkumulatoren werden folgende Plattenpaarungen verwendet:

positive und negative Taschenplatten mit Fe- oder Cd-Negativen,
positive Röhrchenplatten und negative Fe-Taschenplatten,
positive Faltbandplatten und negative Cd-Taschenplatten,
positive Taschenplatten und negative Kupfer/Eisen-Preßplatten,
positive und negative Sinter- oder Sinterfolienplatten, nur mit Cd-Negativen (Abb. 21).

Daraus ergibt sich eine breite Palette der elektrischen Eigenschaften.

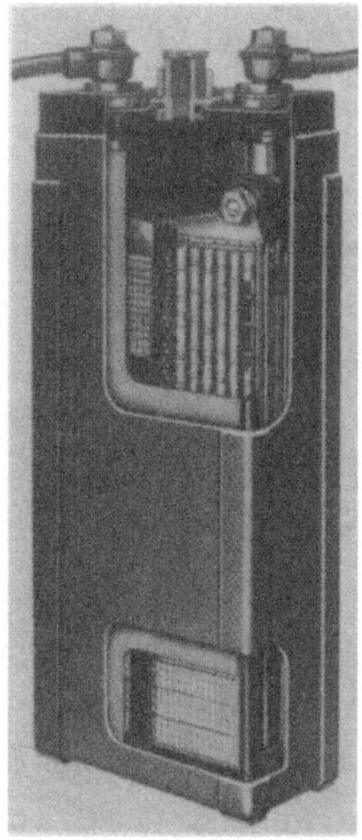

Abb. 20. Schnitt durch eine Röhrchenzelle in Stahlblechgefäß mit Isolierumkleidung

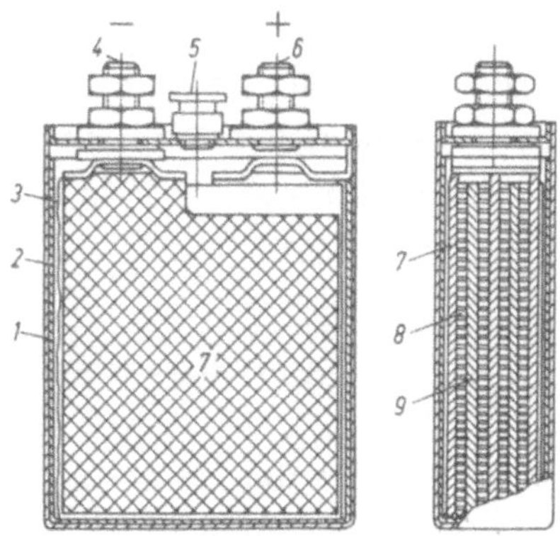

Abb. 21. Schematische Darstellung einer Cd/NiOOH-Zelle mit gesinterten Folienplatten. Zwischen den Platten erkennt man Separatoren aus Kunststoff-Vlies. *1* Stahlbecher (mit *6* und *9* verbunden), *2* Isolierauskleidung, *3* Beilage (fällt evtl. weg), *4* negative Polschraube, *5* Stopfen bzw. Schraubventil, *6* positive Polschraube, *7* negative Platte, *8* Separator, *9* positive Platte. (Aus: Hütte: Elektrische Energietechnik, Bd. 2. Berlin - Heidelberg - New York: Springer 1978)

4.3.5 Eigenschaften von nicht-gasdichten Stahlakkumulatoren

Gefertigt werden Einzelzellen, Doppelzellen und Blockbatterien für normale und erhöhte Belastung. Heute kann man mit den verschiedenen Bauarten nicht-gasdichter Stahlakkumulatoren einen Belastungsbereich überstreichen, der von Entladung in 5 min bis zur Entladung in mehreren Monaten reicht. Die kleinsten Zellen haben eine Nennkapazität von etwa 4, die größten etwa 1200 Ah. Tabelle 14 gibt die elektrischen Eigenschaften einiger Zellen wieder.

Die *Selbstentladung* hängt von der Bauart ab. Nach 6 Monaten bei 20°C sind bei Cd/Ni-Zellen mit Taschenplatten noch etwa 70 % der Nennkapazität verfügbar. Bei Cd/Ni-Zellen mit Sinterelektroden ist die Selbstentladung merklich höher. Fe/Ni-Zellen verlieren bei 20°C ihre Ladung in rund 2 Monaten vollständig. Die Lebensdauer von Stahlakkumulatoren ist generell hoch, hängt aber von den Umständen ab. Mit Röhrchenzellen sind bis 5000 tiefe Zyklen erreicht worden, mit Taschenzellen bis 4000, mit Sinterzellen bis 2000. Beim Parallelbetrieb (nur mit Cd-Negativen möglich) sind Batterien schon 25 Jahre ohne Störung in Betrieb gewesen. Diese Angaben lassen sich aber nicht verallgemeinern. Über die Lebensdauer von gasdichten Zellen siehe weiter unten in Abschn. 4.4.

4.4 Gasdichte Cadmium/Nickel-Akkumulatoren [4,16]

Etwa 1930 fanden *E.A. Lange* und Mitarbeiter, daß gasförmiger Sauerstoff an ungeladenen Resten von Cadmium-Elektroden chemisch oder elektrochemisch verzehrt wird. Nach diesem Prinzip arbeiten die gasdichten Cd/NiOOH-Akkumulatoren, die seit etwa 20 Jahren in großem Umfang hergestellt werden. Abb. 22 zeigt schematisch die Vorgänge beim Überladen. Die negative Elektrode wird überdimensioniert. Dadurch kommt die positive Elektrode zuerst in die Gasung: gasförmiger Sauerstoff wird entwickelt. Er wandert zur negativen Elektrode, die bereits metallisches Cadmium enthält, gelegentlich auch Zusätze von Nickelpulver. Der Sauerstoff setzt sich entweder chemisch mit Cd und H_2O zu $Cd(OH)_2$ um, das

Tabelle 14. Technische Daten von Nickel/Cadmium-Akkumulatoren, Einzelzellen. Nenndichte der Lauge 1,19 g/cm^3 bei $20^{o}C$, Nennspannung 1,2 V

Zellentyp			TP 75	TP 140	T 1250	TSP 125	TSM 650	FP 40	F 151	AC 12
Aufbau			Ni/Cd	Ni/Cd	Ni/Cd	Ni/Cd	Ni/Cd	Ni/Cd	Ni/Cd	Ni/Cd
positive Platte			Taschenplatten			Taschenplatten		gesintert		Röhrchenplatten
Belastung			normal			hoch		extrem hoch		normal
Zellgefäß			Kunststoff		Stahl	Kunstst.	Stahl	Kunstst.	Stahl	Stahl
Kapazität	5stdg.	Ah	75	140	1250	125	650	40	150	450
	1stdg.	Ah	64	119	1060	116	600	36	134	400
	30min.	Ah	52	98	880	100	530	34	124	360
	7,5min.	Ah	-	-	-	70	360	29,6	112	-
	3,75min.	Ah	-	-	-	-	-	24,8[a]	-	-
Entladestrom	5stdg.	A	15	28	250	25	130	8	30	90
	1stdg.	A	64	119	1060	116	600	36	134	398
	30min.	A	105	196	1750	200	1040	68	248	720
	7,5min.	A	-	-	-	560	2910	237	890	-
	3,75min.	A	-	-	-	-	-	396[a]	-	-
Nennladestrom	konstant	A	15	28	250	25	130	8	30	90
Ladefaktor			1,4	1,4	1,4	1,4	1,4	1,2	1,2	1,4
Zellen-abmessungen	Breite	mm	54	69	540	105	391	36	94	135
	Länge	mm	135	182	158	108	157	81	131	185
	Höhe	mm	394	400	405	359	365	238	255	363
Zellengewicht	gefüllt	kg	4,85	7,9	68,5	9,1	45,2	1,5	7,3	20,2
Elektrolytmenge		l	1,05	1,8	15,4	1,9	12,0	0,35	0,78	4,3

[a] Intermittierend

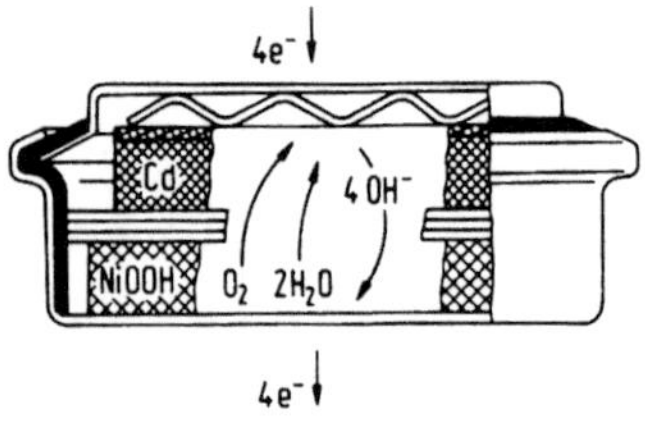

Abb. 22. Schematischer Schnitt durch einen gasdichten Cd/NiOOH-Akkumulator, Knopfzelle mit Masseplatten. Der Sauerstoff-Kreislauf ist angedeutet. (Aus: Hütte: Elektrische Energietechnik, Bd. 2. Berlin - Heidelberg - New York: Springer 1978)

dann elektrochemisch wieder in Cd und OH^--Ionen reduziert wird. Oder aber der Sauerstoff wird sofort elektrochemisch mit Wasser zusammen zu OH^--Ionen reduziert. Mit Eisen-Negativen läßt sich der O_2-Verzehr nicht verwirklichen.

Beide Prozesse treten nebeneinander auf und resultieren bei Überladung in einem *Sauerstoff-Kreislauf*. Gasförmiger Sauerstoff und flüssiges Wasser wandern von der negativen zur positiven Elektrode, OH^--Ionen wandern in der umgekehrten Richtung. Abgesehen von der dissipierten Wärmeleistung ändert sich die Zelle nicht. Der Druck im Gasraum hält sich in mäßigen Grenzen. Größere Zellen sind mit einer *Drucksicherung* ausgerüstet.

Polt in einer mehrzelligen Batterie bei Tiefentladung eine der Zellen um, so entsteht bei ungeschützten Zellen an der Nickel-Elektrode Wasserstoff, für den es einen entsprechenden Verzehr- oder Kreislauf-Mechanismus nicht gibt. Um die Zellen davor zu schützen, setzt man den Nickel-Massen für gasdichte Zellen etwas *entladene antipolare Masse* zu, d.h. CdO. Im normalen Arbeitsbereich beteiligt sich dieser Zusatz gar nicht an den elektrochemischen Vorgängen in der Zelle. Beim Umpolen wird vor der H_2-Gasung zuerst der antipolare Zusatz zu Cd reduziert. Es ist eine Frage der Dimensionierung, ob man sich mit einem gewissen Sicherheitsspielraum begnügt, oder ob man vor Erschöpfung der antipolaren Masse die Cadmium-Masse ebenfalls in die Umpolung gelangen und Sauerstoff entwickeln läßt. Dann läuft der Sauerstoff-Kreislauf in umgekehrter Richtung ab. Fast alle heute gefertigten gasdichten Akkumulatoren sind gegen Umpolen geschützt.

Gefertigt werden Einzelzellen und Batterien in Form von Knopfzellen, Rundzellen und prismatischen Zellen mit Masseplatten, Taschenplatten und gesinterten Platten, auch mit Wickel-Elektroden. Die kleinsten Zellen haben 10 mAh, die größten etwa 25 Ah. Größere Zellen lassen sich deswegen bisher nicht verwirklichen, weil die Wärmeabfuhr beim Überladen schwierig ist. Der Belastungsbereich reicht von Entladungen in 15 min bis zu Entladungen in Monaten. Viele Typen sind für Parallelbetrieb mit anderen Stromquellen geeignet. Im allgemeinen ist der Ladestrom begrenzt, so daß sich eine Ladezeit von z.B. 14 h ergibt. Für einige Zellen sind aber besondere Schnellade-Verfahren entwickelt worden. Die Selbstentladung ist ähnlich wie bei den nicht-gasdichten Cd/NiOOH-Akkumulatoren und hängt stark von der Bauart ab.

Abbildung 23 zeigt den Aufbau einer gasdichten Rundzelle mit konzentrischen Masseplatten. Einige technische Daten bringt Tabelle 15. Die Abmessungen einiger gasdichter Akkumulatoren sind so festgelegt, daß sie gegen Primärzellen ausgetauscht werden können, vgl. Tabelle 16.

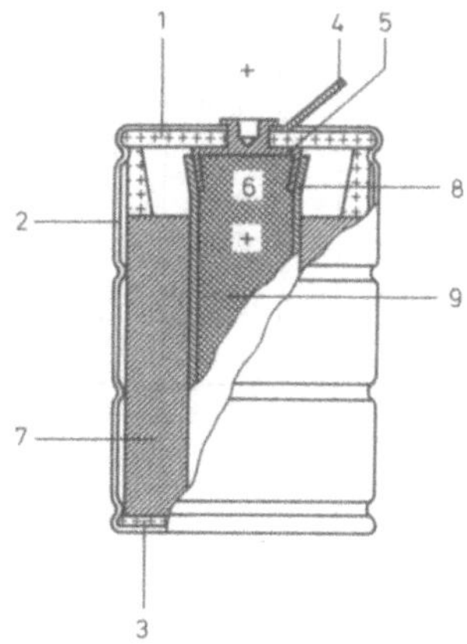

Abb. 23. Schematische Darstellung eines gasdichten Cd/NiOOH-Akkumulators, Rundzelle mit konzentrischen Masseplatten. *1* Zellendeckel, *2* Zellenmantel, *3* Zellenboden, *4* positiver Ableiter, *5* positive Polkappe, *6* positive Elektrode, *7* negative Elektrode, *8* Separator, *9* Nickeldrahtgewebe

Die erreichte *Lebensdauer* im Zyklenbetrieb liegt bei Zellen mit Masseplatten bei über 250 tiefen Zyklen, mit gesinterten Platten auch höher. Mit flachen Zyklen lassen sich sehr hohe Zyklenzahlen erreichen. Davon wird in der Satellitentechnik Gebrauch gemacht.

Gasdichte Cd/Ni-Akkumulatoren sind völlig problemlos. Sie haben keinen Spannungssack, sind kurzschlußfest und dürfen tiefentladen stehen bleiben. Sie werden mit Konstantstrom geladen. Generell kann man sagen, daß sie im Bereich bis 4 Ah wirtschaftlicher sind als wartungsfreie Bleiakkumulatoren.

Tabelle 15. Technische Daten von gasdichten Akkumulatoren (Einzelzellen), Nennspannung 1,2 V. Temperaturgrenzen: Laden 0 bis 45°C, Entladen -20 bis 45°C, Lagern -40 bis 60°C. Knopfzellen mit Masseplatten werden auch in einer Ausführung für erhöhten Strom (DKZ) gefertigt

Typ		10 DK	225 DK	3000 DK	151 D	BD 2,5	100 RS	RS 6	D 2	D 23	SD 1,6	SD 15
Bauart		Knopfzellen			Rundzellen		Rundzellen		prismatische Zellen			
Platten		Masseplatten			Masseplatten		Sinterplatten		Taschenplatten		Sinterplatten	
Durchmesser	mm	7,6	25	50,3	12	34	14,7	33,5				
Dicke	mm	5,0	8,6	25								
Länge	mm								34,5	51	16,8	31
Breite	mm								34,5	91	41,2	77
Höhe	mm				29	62	17,4	94	61	125	65,7	126
Masse	g	0,9	12,5	135	12	150	7,5	240	170	1390	115	780
Kapazität 10stdg.	Ah	0,010	0,225	3,0	0,15	2,0	0,10	6,0	2,0	23	1,6	15
max. Entladestrom												
dauernd	A	0,001	0,225	3	0,15	2	0,2	12	2	23	3,2	30
kurzzeitig	A	0,001	0,45	6	0,3	4	0,4	24	4	46	6,4	60
Ladestrom 14stdg.	mA	1	23	300	15	200	10	600	200	2300	160	1500

Tabelle 16. Gasdichte Akkumulatoren mit gleichen Abmessungen wie genormte Primärbatterien

Bauart	Typ	Durchmesser (mm)	Dicke bzw. Höhe (mm)	Abmessungsgleich mit IEC-Normtype
Knopfzellen	10 DK	7,6	6,0	R 48
	25 DK	11,4	5,1	R 07
	50 DK	15,5	5,9	R 09
Rundzellen	151 D	12	29	R 1
	451 D und 501 RS	rd. 15	rd. 55	R 6
	RS 1,8	25,5	49	R 14
	BD 2,5 und RS 4	rd. 34	61	R 20
Batterien	TR 7/15	9 V/150 mAh	53 ∅, 53 lang	6 F 25[a]
	TR 7/8	9 V/70 mA	27 × 16 × 49 mm	6 F 22

[a]Die Normtype 6 F 25 ist viereckig, TR 7/15 rund, paßt aber hinein

4.5 Zink/Silber-Akkumulatoren [11,13,41]

Für einige Anwendungen benötigt man Batterien mit hoher Energiedichte, die außerdem mit hoher Belastung entladen werden können, so in der Raketen- und Satellitentechnik, in der Flug- und Meerestechnik, sowie im militärischen Bereich. Bedarf dafür besteht aber auch an anderen Stellen: für tragbare Sender, für Filmleuchten und -kameras und für ferngesteuerte Modelle. Der besondere Charakter der Anwendungsgebiete bringt es mit sich, daß wirtschaftliche Erwägungen, Preis und Lebensdauer hinter den technischen Forderungen zurückstehen. In diesen Bereichen werden Zink/Silber-Akkumulatoren auch trotz des immens gestiegenen Silber-Preises verwendet.

Ladung und Entladung geschehen in zwei Schritten. Die charakteristischen Zellreaktionen dafür lauten:

$$(-)\ Zn + H_2O + 2\ AgO \longleftrightarrow Zn(OH)_2 + Ag_2O\ (+)$$

und

$$\underset{\text{(geladen)}}{Zn + H_2O + Ag_2O} \longleftrightarrow \underset{\text{(entladen)}}{Zn(OH)_2 + 2\ Ag}$$

Sie stimmen mit den tatsächlichen Vorgängen in den Zellen nicht gut überein. Insbesondere fehlt die Wechselwirkung des Zinks mit der Lauge, die als Elektrolyt verwendet wird. Außerdem sind die beiden Reaktionsschritte nicht in gleichem Umfang beteiligt. Die obere Zellreaktion macht nur rund ein Drittel der Kapazität aus. Sie hat eine unbelastete Spannung von rund 1,9 V, die untere rund 1,6 V. Bis herunter zur einstündigen Entladung hat die Entladekurve eine Stufe, bei stromstarken Entladungen tritt sie nicht mehr in Erscheinung. Die Ladung beginnt mit 1,65 V und muß bis 2,1 V geführt werden. Geladen wird meist mit Konstantstrom, und zwar mit dem 10- bis 20stündigen (Entlade-) Strom etwa 11 h lang. Die Ladeschlußspannung von rund 2,1 V darf nicht überschritten werden. Die Nennspannung ist mit 1,5 V pro Zelle genormt. Die Zellen sollen nicht tiefer als 0,9 V entladen werden. Stehen im entladenen Zustand schadet nur wenig. Abb. 24 zeigt Entladekurven für Entladung in 8 min, 20 min, 75 min und 14 h. Abb. 25 zeigt schematisch den Aufbau der Zellen.

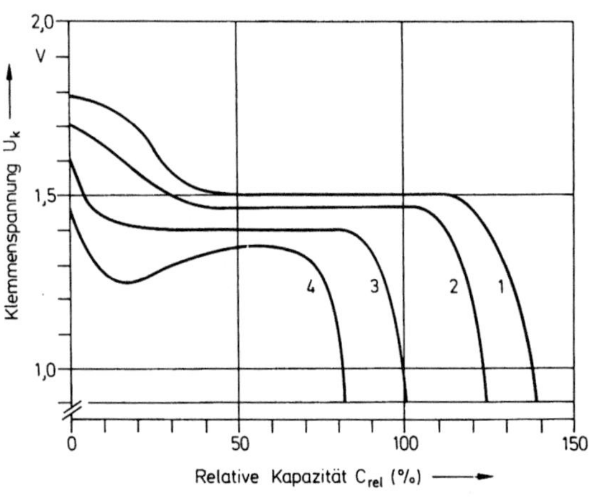

Abb. 24. Entladekurven eines Zink/Silber-Akkumulators Typ SHV nach [41]. Anfangstemperatur 20°C. Die relative Kapazität ist auf die Entladung in 20 min bezogen. *1* Entladung in 14 h, *2* in 75 min, *3* in 20 min, *4* in 8 min

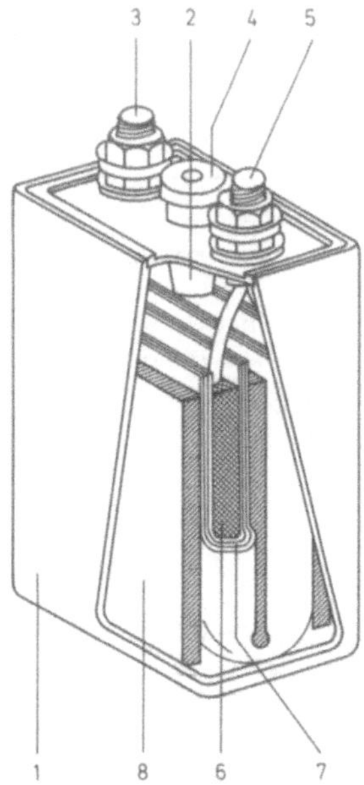

Abb. 25. Aufbau eines Zink/Silber-Akkumulators. *1* Zellgefäß, *2* Dom, *3* Minuspol, *4* Entlüftungskappe, *5* Pluspol, *6* positive Elektrode (Silberoxid), *7* Separator, *8* negative Elektrode (Zink)

Hergestellt werden im wesentlichen zwei Baureihen von Zink/Silber-Akkumulatoren:

S für 2- bis 10stündige Entladung. Die Elektroden sind nicht vorgeladen, die Batterien werden ungefüllt geliefert. Die Lebensdauer beträgt 80 bis 120 Zyklen bzw. 1 bis 2 Jahre im gefüllten Zustand. Die Zellen sind kurzschlußfest, der Kurzschlußstrom in Ampère liegt etwa beim Achtfachen der Nennkapazität in Ah.

SHV für Entladezeiten von 2 h bis zu wenigen Minuten. Die Elektroden sind vorgeladen, die Batterien werden ungefüllt geliefert. Die Lebensdauer beträgt 5 bis 50 Zyklen bzw. 6 bis 12 Monate im gefüllten Zustand, je nach Belastung und Temperatur. Die Zellen sind kurzschlußfest, der Kurzschlußstrom in Ampère liegt etwa beim Achtzigfachen (!) der Nennkapazität in Ah.

Beide Zellentypen können ungefüllt praktisch unbegrenzt gelagert werden. Die Temperaturgrenzen sind dabei -60 bis +80°C. Gefüllte Batterien sollen nicht kälter als -40°C gelagert und nicht unterhalb -20°C entladen werden. Um die Selbstentladung nicht zu hoch werden zu lassen, sollen gefüllte Zellen nicht wärmer als 60°C gelagert werden. Die Betriebstemperatur sollte 75°C nicht überschreiten. Tabelle 17 enthält einige Eigenschaften von Zink/Silber-Akkumulatoren für normale und hohe Belastung.

Abbildung 26 zeigt die große Überlegenheit der Zink/Silber-Akkumulatoren im Bereich sehr hoher Belastung. Der hier auf 100 %

Tabelle 17. Eigenschaften von Zink/Silber-Akkumulatoren nach [11]. Nennspannung 1,5 V, Entladeschlußspannung 1,0 V, bei 20°C

Zellen für		normale Belastung	hohe Belastung
Gefertigter Kapazitätsbereich (Ah)		0,5 bis 300	0,1 bis 135
Energieinhalt (Wh/kg) der größten handelsüblichen Zelle[a]			
Entladung	10stündig	107	132
	1stündig	95	114
	20minütig	-	86
	10minütig	-	70
	3minütig	-	rd. 55
Energiedichte (Wh/l)			
Entladung	1stündig	185	225
Selbstentladung (%/Monat)		1 bis 2	etwa 3
Lebensdauer	tiefe Zyklen	80 bis 120	5 bis 50
	flache Zyklen	200 bis 400	25 bis 75
	Monate	12 bis 24	6 bis 12
Kälteverhalten	(1stündig)		
	bei +20°C	100 %	
	bei 0°C	80 %	
	bei -20°C	40 %	
	bei -30°C	20 %	
	bei -40°C	10 %	

Ladespannung beim Laden mit konstantem 10stündigen Strom-Einsatz bei 1,55 bis 1,60 V, nach 20 % Anstieg auf 1,9 V, Ladeschluß bei 2,1 V, Ladefaktor 1,1. Wh-Wirkungsgrad bei 10stündiger Entladung 73 %

[a] Bei kleinen Zellen liegen die Werte z.T. erheblich niedriger

normierte Ausgangswert für die fünfstündige Entladung ist für die einzelnen Zellentypen naturgemäß nicht gleich. Bei Blei- und Cadmium/Nickel-Akkumulatoren hält er sich bei rund 30 Wh/kg, bei den Zink/Silber-Akkumulatoren liegt er erheblich höher, kann sogar 100 Wh/kg noch überschreiten. Neben dem hohen Preis ist die geringe Lebensdauer dieser Zellen ihr Hauptnachteil. Im Lade/Entlade-Betrieb kommt man nur auf wenige tiefe Zyklen. Die geringe Lebensdauer wird durch die Bildung von Zink-Dendriten verursacht, die zu Kurzschlüssen führen. Neuere Zellenkonstruktionen eignen sich für den Parallelbetrieb und können auch mit

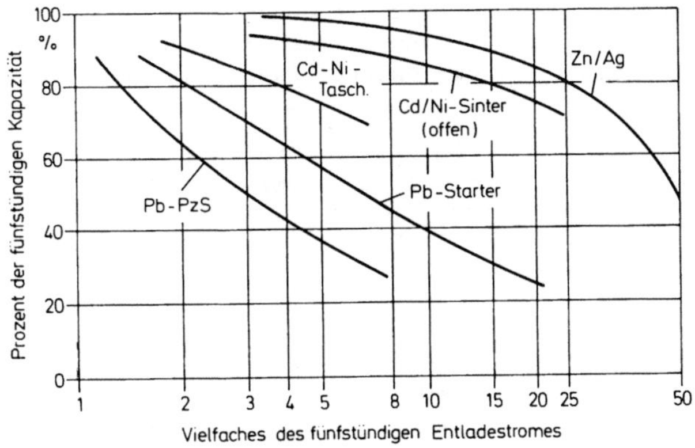

Abb. 26. Abhängigkeit der Kapazität (in Prozent der fünfstündigen Kapazität) von der Entladestromstärke (in Vielfachem des fünfstündigen Entladestroms)

Konstant-Spannung geladen werden. Auch im Parallelbetrieb ist die Lebensdauer begrenzt. Die Selbstentladung ist mit nur rund 15 % pro Jahr bei 20°C relativ niedrig.

Tabelle 18 enthält Abmessungen und Kapazität einiger Typen. Dabei handelt es sich um Akkumulatoren, die ungefüllt geliefert werden. Der Übergang zu Füll-Elementen ist natürlich fließend, es gibt aber neben diesen Akkumulatoren auch ausgesprochene Füll-Elemente z.B. für die Verwendung in Raketen und auch betriebsfertig gelieferte Primärelemente (vgl. Abschn. 2.6).

In Satelliten werden gelegentlich Cadmium/Silber-Akkumulatoren verwendet. Ihr Energieinhalt ist etwas niedriger, mit rund 70 Wh/kg bei zehnstündiger Entladung aber immer noch recht hoch. Die Klemmenspannung liegt um 0,4 V pro Zelle niedriger, die Ah-Kapazität bei gleicher Zellengröße um etwa 10 % niedriger als bei den Zink/Silber-Akkumulatoren. Sie lassen sich gasdicht ausführen, eignen sich aber nicht für extrem hohe Belastung. Bei einer Entladetiefe von 50 % der Nennkapazität sind in Satelliten Lebensdauern von 6000 Zyklen erreicht worden. Die Zellen können mit Kapazitäten von 0,1 bis 300 Ah hergestellt werden, die großen Typen aus thermischen Gründen aber nicht gasdicht. Ihr Preis ist etwas höher als bei den Zink/Silber-Akkumulatoren.

Tabelle 18. Nennkapazität C_N und Abmessungen einiger Zink/Silber-Akkumulatoren nach [41], Auswahl aus 27 Typen. C_N bezieht sich auf zweistündige Entladung. I_L: empfohlener Ladestrom. Höhe mit Pol, Gewicht: gefüllt

Typ	C_N (Ah)	Länge (mm)	Breite (mm)	Höhe (mm)	Gewicht (g)	I_L (A)
O 50 S	0,5	28	16	38	25	0,05
O 100 S	1	28	16	52	35	0,07
O 300 S	3	35	21	62	70	0,2
O 1000 S	10	50	23	114	215	0,7
O 2000 S	20	62	43	105	440	1,4
O 6000 S	60	83	32	184	910	3
O 12000 S	120	80	68	185	1920	10
O 50 SHV	0,5	28	16	38	25	0,07
O 100 SHV	1	28	16	52	37	0,1
O 300 SHV	3	35	21	62	70	0,3
O 1000 SHV	10	50	23	114	215	0,8
O 2000 SHV	20	80	35	90	380	2
O 5000 SHV	50	77	35	170	900	4
O 12000 SHV	120	80	68	185	1920	10

S: Zellen für normale Belastung, länger als zweistündige Entladung
SHV: Zellen für hohe Belastung, unter zweistündig

4.6 Ladeverfahren

Für die Lebensdauer eines Akkumulators ist richtiges Laden entscheidend. Tabelle 19 enthält einige technische Daten für das Laden von Bleiakkumulatoren. Bleibatterien sind empfindlich gegen heftige Gasentwicklung. Deshalb wird oberhalb der *Gasungs-Spannung* von 2,4 V der Ladestrom herabgesetzt. Die Ladung wird grundsätzlich abgeschaltet, wenn die Batterie geladen ist. Nur geringe Ladeschlußströme von 2 bis 3 A je 100 Ah Nennkapazität dürfen auf Bleibatterien für 60 h liegen bleiben. Bleibatterien sollten nicht teilgeladen stehen, weil sie sonst *sulfatieren*. Wegen der Gasentwicklung geht immer ein Teil der Ladestrommenge (Ah) verloren. Deshalb benötigt man zum Laden der Batterien eine um den *Ladefaktor* größere Strommenge, als vorher entnommen worden ist. Allerdings muß nicht *jede* Ladung bis zum Erreichen des Vollade-Zustandes geführt werden. So kann man z.B. Traktions-Batterien in Betriebspausen bis zur Gasung nachladen. Dann ist jedoch mindestens einmal wöchentlich eine gründliche Volladung, eine *Ausgleichs-Ladung*, erforderlich. Mit dem Aufladen ist ein Temperaturanstieg von 10 bis 12°C verbunden, gelegentlich auch mehr. Man sollte darauf achten, daß 55°C möglichst nicht überschritten werden.

Bei den meisten Ladeverfahren ist rechtzeitiges Abschalten erforderlich. Dazu verwendet man einen *Pöhler-Schalter*. Beim Erreichen der Gasungsspannung bzw. *Ansprechspannung* setzt ein Spannungs-Diskriminator über ein Schaltschütz den Ladestrom auf I_N herab und schaltet ein Uhrwerk ein. Wenn die vorgegebene *Nachladezeit* abgelaufen ist, wird abgeschaltet. Die Ansprechspannung ist bei Bleiakkumulatoren rund 2,4 V pro Zelle, bei Stahlakkumulatoren mit Cadmium-Negativen rund 1,6 V. Bei Stahlakkumulatoren mit Eisen-Negativen kann der Pöhler-Schalter nicht angewendet werden.

Tabelle 20 enthält einige technische Daten für das Laden von nicht-gasdichten Stahlakkumulatoren. Zellen mit positiven Röhrchen- und Taschenplatten sind auch gegen lebhaftes Gasen relativ unempfindlich und erfordern keine Reduzierung des Stromes. Die zulässige Temperaturgrenze liegt bei Stahlzellen aber nur bei 40 bis 45°C. Bei Zellen mit Sinter-Elektroden muß der Ladestrom nach Einsetzen der Gasung reduziert werden, vgl. Tabelle 20. Parallelbetrieb ist nur bei Cadmium-Zellen möglich.

Gasdichte Stahlakkumulatoren werden im allgemeinen mit konstantem Strom geladen, meist 14 Stunden lang mit dem (zehnstündigen) Nenn-Entladestrom. Bei vielen Typen sind aber andere Ladeverfahren ebenfalls zulässig, darunter auch spezielle Schnellade-Verfahren. Parallelbetrieb ist ebenfalls mit den meisten Typen möglich.

In Abb. 27 sind die wichtigsten Ladeverfahren zusammengestellt. Sie unterscheiden sich durch die Kennlinie des Ladegerätes und durch die Gesamtdauer der Ladung. Laden mit konstantem Strom wird nach DIN 41772 durch den Buchstaben I, mit konstanter Spannung durch den Buchstaben U bezeichnet. Ein zwischengeschobenes o bedeutet Umschaltung, ein a Abschaltung. Laden nach der Kennlinie IoIa z.B. heißt: Laden mit konstantem Strom bis zum Erreichen der Gasungsspannung, danach Umschalten auf den Nachladestrom, Abschalten nach vorgegebener Zeit. Der Buchstabe W entspricht einem Ladegerät mit annähernd konstanter

Tabelle 19. Technische Daten zum Laden von Bleiakkumulatoren nach [9]. Die Kurzzeichen für die Ladeverfahren sind im Text erklärt. V/Z: Volt pro Zelle. GiS: Zellen mit positiven Gitterplatten und Sonderisolierung. PzS und OPzS: Zellen mit positiven Panzerplatten. Gro: Zellen mit positiven Großoberflächen-Platten

		Fahrzeugbatterien		ortsfeste Batterien		Starterbatterien
		GiS	PzS	Gro	OPzS	
Bezugskapazität	K_n	K_5	K_5	K_{10}	K_{10}	K_{20}
Ladefaktor		1,17	1,2	1,1	1,2	1,15
Energie-Wirkungsgrad nach Entnahme von K_n-Richtwerten		0,70	0,68	0,75	0,68	0,75
Ladeströme je 100 Ah Nennkapazität maximal zulässig						
a) Strom konstant ab Gasung (I-Kennlinie)	A	5		8,5	5	10
b) Strom fallend (W-Kennlinie) bei 2,4 V/Z zulässig	A	8		12	7	12
am Ende zulässig	A	4		6	3,5	6
c) Nennstrom des Ladegerätes zu b) bei 2,0 V/Z (DIN 41774)	A	16		24	14	24
Am Ende maximal zulässig bis zu 2 1/2 Tagen, z.B. bei IU-Kennlinie	A	2				
Erhaltungsladestrom	mA			40...100		
Maximaler Anfangsstrom bei 2,4 V/Z und 20°C (U-Kennlinie), Toleranz ± 10 %	A	100	80	100	70	160
Ladespannungen						
Anfangsspannung bei W-Kennlinie und Stromstärke nach c)	V/Z	je nach Bauart und Baugröße 2,1...2,15				
Schlußladespannung bei Stromstärken nach a) und b)	V/Z	je nach Bauart und Baugröße normal 2,6...2,7, bei alten und warmen Batterien bis zu 0,2 V/Z niedriger				
Erhaltungsladespannung	V/Z	2,20...2,25, s. VDE 0510, § 21 b 3				
Dauerladespannung	V/Z	2,25...2,35, s. VDE 0510, § 21 b 4				
Konstantspannung bei IU-Ladung	V/Z	2,45	2,4/ 2,45	2,4	2,4/ 2,45	2,4
Nachladezeit für Pöhlerschalter						
bei Wa-Kennlinie	h	4,0	4,5	-	-	-
bei WoWa-Kennlinie je nach Anfangsstrom	h	4,5-5	5-5,5	-	-	-
bei IoIa-Kennlinie je nach Anfangsstrom	h	4,5-5	5-6	-	-	-
bei IUIa-Kennlinie und Schlußladestrom nach a)	h	3,5	4,0	-	-	-

Tabelle 20. Technische Daten für das Laden von nicht-gasdichten Stahlakkumulatoren nach [9]. Die Kurzzeichen der Ladeverfahren sind im Text erklärt. V/Z: Volt pro Zelle. R, RE: Zellen mit positiven Röhrchenplatten. TN, TNE: Zellen mit positiven Taschenplatten, Ausführung für normale Belastung. TS: Zellen mit positiven Taschenplatten, Ausführung für erhöhte Belastung. S: Zellen mit gesinterten Platten

		Cadmium/Nickel				Eisen/Nickel	
		R	TN	TS	S	RE	TNE
Bezugskapazität	K_n	K_5	K_5	K_5	K_5	K_5	K_5
Ladefaktor		1,4	1,4	1,4	1,2	1,4	1,4
Energie-Wirkungsgrad nach Entnahme von K_n-Richtwerten		0,5-0,55	0,55-0,6	0,6	0,75	0,50-0,55	0,5
Ladeströme je 100 Ah Nennkapazität max. zulässig ab Gasung							
a) Strom konstant (I-Kennlinie)	A	ca. 20-30 A begrenzt durch Erwärmung			8	rd. 20-30 A begrenzt durch Erwärmung	
b) Strom fallend (W-Kennlinie)		Stromrückgang ca. 40-50 %				Stromrückgang rd. 30-40 %	
bei 1,5 V/Z zulässig	A				8		
bei 1,6 V/Z zulässig	A				5		
c) Nennstrom des Ladegerätes zu b) bei 1,2 V/Z	A				20		
Kleinster Ladestrom, bei dem noch Aufladung möglich ist	A	-	-	-	-	7	
Erhaltungsladestrom	mA		20-60		100-300	-	-
Ladespannungen							
Anfangsspannung je nach Typ	V/Z		1,3-1,4		1,3	1,4-1,6	
Schlußladespannung je nach Typ .	V/Z		1,6-1,85		1,6	1,7-1,85	
Erhaltungsladespannung	V/Z		1,38-1,40		1,36	-	-
Dauerladespannung	V/Z		1,4-1,5		1,4	-	-
Pufferspannung bei aussetzendem Betrieb (Kraftfahrzeuge, Zuglicht)	V/Z		1,6		1,5	-	-
Konstantspannung bei IU-Ladung .	V/Z		1,6-1,7		1,5	1,7-1,75	
Nachladezeit für Pöhlerschalter						Pöhlerschalter nicht anwendbar	
bei Wa-Kennlinie, $I_N = I_5$	A	6	5	5	3		
bei WoWa-Kennlinie	A	-	-	-	3,5		

treibender Spannung und eingebautem Vorwiderstand. Dadurch nimmt der Ladestrom mit steigender Ladespannung an der Batterie merklich ab.

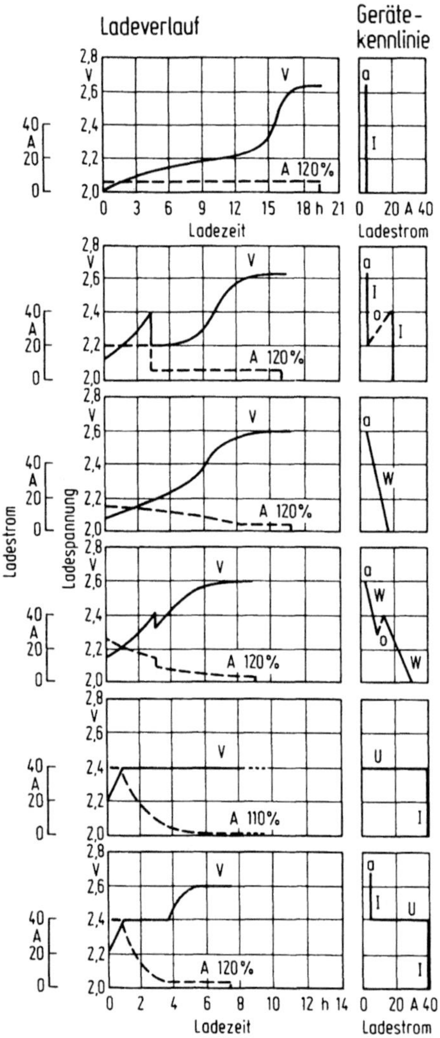

Kurzzeichen	Beschreibung
Ia	Ladung mit konstantem Strom mit Abschaltung. Anwendung z.B. bei kleinen Batterien, Abschaltung meist von Hand
IoIa	Ladung mit konstantem, abgesetztem Strom mit Abschaltung. Anwendung z.T. bei Fahrzeugbatterien; Geräte leicht einstellbar auf verschiedene Batteriegrößen
Wa	Automatische Ladung mit abfallendem Strom. Anwendung für Einzelladung von Fahrzeug-Antriebsbatterien
WoWa	Automatische Ladung mit abfallendem, abgesetztem Strom. Anwendung für Einzelladung von Fahrzeug-Antriebsbatterien in abgekürzter Zeit
IU	Ladung mit konstantem Strom bis Gasung, anschließend mit konstanter Gasungsspannung ohne Abschalten. Anwendung für Parallelladung von Batterien und schnelle Zwischenladungen
IUIa	Ladung mit konstantem Strom am Anfang und Ende und konstanter Spannung bei abfallendem Strom als Zwischenstufe. Anwendung für automat. Ladung großer Fahrzeugbatterien in möglichst kurzer Zeit

Abb. 27. Schematische Darstellung von Lademethoden nach [9]: zeitlicher Verlauf von Strom und Spannung bei Bleiakkumulatoren mit Panzerplatten, Kennlinie der Ladegeräte und Kurzzeichen nach DIN 41772

4.7 Besondere Ladeverfahren

Neben den bisher geschilderten, allgemein angewendeten Ladeverfahren gibt es einige besondere, die nur in Sonderfällen angewendet werden. z.B. in der Satellitentechnik, in der militärischen Technik, bei Geräten für wissenschaftliche Expeditionen und neuerdings auch im Bereich der Batterie-Autos.

Temperaturgeführtes Laden [16, S. 213 - 219 u. 225]

Im allgemeinen werden Akkumulatoren in verhältnismäßig normal temperierter Umgebung geladen. Dann hat man nur darauf zu achten, daß die obere Grenztemperatur nicht überschritten wird. Je nach Bauart der Zellen liegt sie bei 35 bis 60°C, in Sonderfällen bis 80°C. Der Temperaturanstieg beim Voll-Laden einer gesunden Batterie beträgt gewöhnlich 10 bis 15°C. Nur sulfatierte oder alte Batterien werden wärmer.

In bestimmten Anwendungsbereichen kommt es aber vor, daß Batterien in großer Kälte oder Hitze geladen werden müssen. Das gilt z.B. nach längerem Stehen in extremer Kälte oder in der Wüstensonne. Satelliten kühlen sich im Erdschatten stark ab, erwärmen sich andererseits bei Sonnenbestrahlung erheblich. Die hoch belasteten Batterien für Batterie-Omnibusse werden trotz Kühlung beim Entladen verhältnismäßig warm. Oft werden sie gleich anschließend daran geladen.

Grundsätzlich hat die Temperatur Einfluß auf die offene Spannung U_0 und auf den Innenwiderstand R_i. Der Temperaturkoeffizient $\partial U_0/\partial T$ hängt von vielen Parametern ab, ist aber generell klein. So erhöht eine voll geladene Bleibatterie von -20 bis +40°C ihre offene Spannung nur um 20 mV pro Zelle, d.h. um rund 1 %. Der Innenwiderstand R_i dagegen nimmt im gleichen Temperaturbereich stark ab, bei einer Fahrzeug-Antriebsbatterie mit Panzerplatten z.B. um den Faktor 3. Beides wirkt sich ungünstig auf die in der Kälte entnehmbare Kapazität aus,[13] fast noch mehr aber auf das Laden.

---

[13]Auf das induktive Erwärmen von kalten Batterien kann hier nicht eingegangen werden. Das Verfahren ist noch nicht zu Ende entwickelt und beruht möglicherweise auf einem bisher nicht geklärten Effekt, der Eispolarisation [33]

Daß der Innenwiderstand in der Kälte stark wächst, wirkt sich auch auf den Spannungsabfall am Elektrolyten innerhalb der Poren der Elektroden aus. Überspitzt läßt sich formulieren, daß die Innenpartien der Elektroden nur dann geladen werden, wenn die Elektrode außen bereits Wasserstoff bzw. Sauerstoff abscheidet. Abgesehen von geometrischen Faktoren ist der Ladestrom I des Platten-Inneren gegeben durch die Differenz zwischen den reversiblen Potentialen der Gasungsreaktion U_2 und der eigentlichen Ladereaktion U_1, sowie durch den Widerstand R des Elektrolyten in den Poren:

$$I = (U_2 - U_1)/R.$$

Die Differenz $U_2 - U_1$ hat je nach Batterieart und Plattenpolarität die Größe von 0,1 bis 0,3 V und hängt nur wenig von der Temperatur ab. Der Widerstand R dagegen ist stark temperaturabhängig, erfahrungsgemäß noch stärker als der Innenwiderstand der Zelle. Hinzu kommen besondere Effekte. So werden Eisen-Elektroden unterhalb des Gefrierpunktes passiv. Man kann sie in strenger Kälte weder entladen noch laden. Bleibatterien lassen sich unterhalb -10°C durchaus noch entladen, aber nur noch schlecht laden, auch wenn man sie stark in die Gasung fährt.

Andererseits wird bei hohen Temperaturen auch im Platten-Inneren lebhaft Gas entwickelt, was zu Schäden führt. Es ist also sinnvoll, den Ladestrom stets an die Temperatur anzupassen. Beim IU-Laden kommt noch etwas anderes hinzu: Die erste, die Konstantstromphase, bringt den größten Teil der Ladung, z.B. 75 oder 80 %. Daran schließt sich die Nachladung mit konstanter Spannung an. Grob gesprochen, wird bei sehr kalten Batterien die Hauptladephase zu früh, bei sehr warmen Batterien zu spät abgebrochen. Auch die Ladefaktoren hängen von der Temperatur ab. Beides wirkt sich auf die Ladezeiten aus.

Dem kann man Rechnung tragen, indem Batterie und Ladegerät auf den ungünstigsten Fall hin ausgelegt werden. Kommt es darauf an, Kapazität und Lebensdauer wirklich voll auszunutzen, so empfiehlt sich das *temperaturgeführte Laden (TGL)*. Ein Beispiel dafür ist ein speziell für die Satellitentechnik entwickeltes Ladeverfahren der Varta. Die Batterie besteht hier aus gasdichten

Cadmium/Nickel-Akkumulatoren SD 15 K, prismatischen Zellen mit Sinter-Elektroden und keramischen Poldurchführungen. Ihre Nennkapazität ist 15 Ah (zehnstündig). Die Batterien haben Temperaturfühler und werden mit Konstantstrom geladen, der von der Temperatur gesteuert wird. Bei -10°C ist der Ladestrom 1 A, bei 20°C rund 6,5 A und bei 40°C rund 10 A. Auch die Abschaltspannung und die Nachladung werden gesteuert [16].

Diskontinuierliches Laden (Impulsladen)

Seit etwa 1930 werden beim Vernickeln Gleichrichter als Stromquellen verwendet. Sie liefern mehr oder weniger "welligen" Gleichstrom. Seit dieser Zeit gibt es Meinungsverschiedenheiten darüber, ob reiner oder "welliger" Gleichstrom bessere, d.h. dichtere oder glänzendere Schichten erzeugt (Kupfer, Zink und Cadmium, anodisches Oxidieren oder Glänzen) [16].

Das Laden einer Batterie ist mit der Galvanotechnik wesensverwandt. Deshalb nimmt es nicht wunder, daß auch beim Laden von Batterien in manchen Fällen echte oder vermeintliche Vorteile beobachtet werden, wenn der reine Gleichstrom durch "welligen" ersetzt wird. Die zum Teil mit großem Aufwand propagierten Verfahren beruhen durchweg auf Ergebnissen, die nicht verallgemeinert werden können. Selbst wenn in bestimmten Zellen reproduzierbare Ergebnisse erhalten werden, so können sie doch nicht ohne eingehende Prüfung auf andere übertragen werden.

Oft hängt die Wirkung eines bestimmten Ladeverfahrens außerdem von Kleinigkeiten ab, z.B. von der Benutzung bestimmter Legierungen, Spreizmittel, Separatoren, Quellstoffe, oder von Verunreinigungen. Ähnliches gilt für die Konvektion des Elektrolyten, für Konzentrationsprofile, sogar für Magnetfelder oder mechanische Resonanzen. Sie wiederum hängen von der Zellenkonstruktion ab, die sich im Laufe der Zeit ändert.

Meist wird übersehen, daß abweichende Ladeverfahren auch negative Folgen haben können. Die zusätzliche Belastung mit Wechselstrom führt z.B. zu Übertemperaturen. Für das Laden ist der lineare zeitliche Mittelwert der Stromstärke maßgebend, für die Erwärmung der Pole und der anderen stromführenden Teile der Batterie dagegen der Mittelwert des Quadrates der Stromstärke.

Das führt je nach Bauart zu erheblichen lokalen Übertemperaturen und zu Wasserverlust. Der Wasserverlust kann lokale Konzentrationsunterschiede in der Zelle zur Folge haben, Grund für Korrosion und Selbstentladung. Wird der Ladestrom zeitweilig umgepolt, so wirken sich Unsymmetrien bei einigen Elektrodenreaktionen aus. In Nickel-Elektroden zum Beispiel wird beim Laden das $Ni(OH)_2$ zunächst in ein höheres Nickelhydroxid umgewandelt, symbolisch durch die Formel NiO_2 beschrieben. Es geht dann stromlos unter Abgabe von Sauerstoff in NiOOH über. Beim Entladen wird daraus ohne Umwege $Ni(OH)_2$ gebildet. Dieser Zyklus wird bei jeder Polumkehr durchlaufen und führt zu einer partiellen Entladung.[14]

Die ältesten Verfahren zum Laden mit überlagertem Wechselstrom sind zum Reaktivieren von Trockenbatterien vorgeschlagen worden. An runden Pastenzellen haben einige Forscher günstige Resultate erzielt, wenn dem Gleichstrom ein gewisser Anteil an Wechselstrom überlagert wurde. Das hat angeblich eine glattere Abscheidung von Zink zur Folge. Das Reaktivieren von Trockenbatterien ist aber an so viele Randbedingungen geknüpft, daß man generell davon abraten muß, ob nun mit oder ohne Wechselstrom [3, S. 123 - 125] (vgl. auch [49]).

Den diskontinuierlichen Ladeverfahren, oft als *Impulsladen* bezeichnet, werden folgende Vorteile zugeschrieben:

Abkürzung der Ladedauer,
geringere Erwärmung,
verbesserter Wh-Wirkungsgrad,
Rekonditionierung der Platten,[15]
Erhöhung der Lebensdauer.

Als besonders wirksam bzw. wirtschaftlich interessant sind vorgeschlagen worden:

Sinusförmige Halbwellen, auch mit verlängerten oder verkürzten Pausen.

Stromunterbrechungen, wobei die Pausen länger, ebenso lang oder kürzer sind als der Stromfluß, etwa von 5 : 1 bis 1 : 5. Die Pulsfolgefrequenzen können zwischen 0,001 und 3000 Hz liegen.

---

[14] Es sei denn, daß eine kurzzeitige umgekehrte Stromspitze von der Doppelschicht-Kapazität der Elektrode abgefangen wird

[15] Das feinverteilte Pb oder Cd in negativen Platten vergröbert sich im Laufe der Zeit. Das diskontinuierliche Laden soll dem entgegenwirken

Romanov-Rhythmus:
4 ms lang 50 A in Laderichtung,
8 ms lang 5 A in Entladerichtung,
4 ms lang Pause,
bezogen auf 100 Ah Nennkapazität der Batterie.

McCulloch-Rhythmus:
12 ms lang 20 A in Laderichtung,
1 ms lang 80 A in Entladerichtung,
3 ms lang Pause,
bezogen auf 100 Ah Nennkapazität der Batterie.

Dreieckförmiger Stromverlauf mit relativ langen Pausen.

Ladung zwischen zwei Strom- oder Spannungspegeln, besonders bei Erhaltungsladung angewendet.

In den Strompausen kann die unbelastete Spannung der Zelle gemessen und zum Steuern des Ladestromes benutzt werden. Ein Beispiel für diese Möglichkeit ist das bei Varta entwickelte *thyristorgesteuerte Schnell-Laden* (TSL) für gasdichte Cd/Ni-Akkumulatoren mit Sinter-Elektroden [16, S. 240 - 241].

4.8 Kontrolle des Ladezustandes

Zur Kontrolle des Ladezustandes gibt es viele Möglichkeiten, die aber durchweg nicht befriedigen. Noch am einfachsten liegen die Dinge beim Bleiakkumulator. Während der Entladung sinkt die Säuredichte von 1,28 oder 1,24 g/cm^3 bis auf 1,10 g/cm^3 oder darunter. Anfangs- und Endwerte hängen von der Bauart der Zelle, von der speziellen Auslegung und von der Entladerate ab. Hat man annähernd konstante Verhältnisse, z.B. im Traktionsbetrieb oder in Geräten mit fest eingebauten Batterien, so kann man alle erforderlichen Parameter eineichen und aus der Säuredichte den Ladezustand herleiten. Der Einfluß der Temperatur kann herausgerechnet oder kompensiert werden. Auch die Alterung hat Einfluß, was durch einen Betriebsstundenzähler an der Batterie berücksichtigt werden kann. Da in den Zellen örtliche Säuredichteunterschiede möglich sind, ist die Dichtemessung nur nach längeren Ruhezeiten zuverlässig, oder in Zellen, deren Säure gerührt wird.

Die *Säuredichte* kann man mit Dichtespindeln oder farbigen Schwimmerkugeln ermitteln. Weiter gibt es Kunststoffe, die ihre Abmessungen mit der Säuredichte ändern.[16]

---

[16] Entladeanzeiger auf dieser Basis werden vom Handel angeboten

Potentialmessungen

Die unbelastete Spannung U_o eines Bleiakkumulators hängt mit der Säuredichte praktisch linear zusammen. Man mißt

bei der Dichte 1,28 g/cm^3 für U_o = 2,125 V
und bei 1,05 g/cm^3 für U_o = 1,905 V (bei 20°C).

Der Einfluß der Temperatur liegt bei 0,3 mV/°C. Um die unbelastete Spannung zu ermitteln, erinnert man sich daran, daß die Bleibatterie einen annähernd vom Entladestrom unabhängigen Innenwiderstand R_i hat, der auch während der ersten Hälfte der Entladung nur wenig steigt. Man setzt nun voraus, daß R_i völlig unabhängig vom Entladezustand und vom Alter der Batterie sei. Die Abhängigkeit von der Temperatur soll kompensiert werden können.

Unter diesen Voraussetzungen kann man dann näherungsweise aus der Klemmenspannung U_k die unbelastete Spannung U_o ermitteln:

$$U_o = U_k - IR_i.$$

Dazu muß man R_i und den Entladestrom I kennen. Aus U_o kann dann auf die Säuredichte und damit auf den Entladezustand geschlossen werden.

Die Ermittlung von U_o ist, wie E. Witte gezeigt hat, mit einer einfachen Kompensationsschaltung möglich [3, S. 67 - 68]. Dazu wird in die Anschlußleitung ein kleiner Widerstand R geschaltet, an dem ein zum Entladestrom I proportionaler Spannungsabfall abgenommen wird. Über eine geeignete Brückenschaltung[17] oder einen Umkehrverstärker wird IR_i gebildet und von U_k abgezogen. Die so ermittelte unbelastete Spannung wird einem Voltmeter mit stark unterdrücktem Nullpunkt zugeführt. Durch das Ansteigen von R_i während der zweiten Hälfte der Entladung wird die Endstellung zwar gestört, aber gemildert durch die Erholung im Bleiakkumulator. Auch im stromlosen Zustand zeigt das Gerät nicht richtig an. Der von E. Witte entwickelte *Entladeanzeiger* ist weit verbreitet.

In vielen Autos wird der Zustand der Batterie durch ein einfaches *Voltmeter mit unterdrücktem Nullpunkt* überwacht. Steigt

---

[17] Der Entladeanzeiger nach Witte ist praktisch eine nichtabgeglichene Innenwiderstands-Meßbrücke nach Mance, vgl. Abschn. 8

die Spannung im Betrieb über 2,5 V pro Zelle, so gast die Batterie stark, der Regler steht zu hoch, oder der Innenwiderstand der Batterie ist z.B. als Folge von Masseverlust, Gitterkorrosion oder Sulfatierung zu stark gestiegen. Bleibt die Spannung unter 2,2 V pro Zelle, so steht der Regler zu niedrig, die Batterie hat Plattenschlüsse, die Säure ist verunreinigt oder dergleichen. Solange die Spannung im erlaubten Bereich liegt, kann man sich einigermaßen darauf verlassen, daß die Batterie noch in Ordnung ist. Ob aber der Säurestand richtig ist und ob die Batterie geladen ist, kann man an dem Voltmeter nicht ablesen. Außerdem kann z.B. ein zu niedrig eingestellter Regler mit einer sulfatierten Batterie zusammen den falschen Eindruck hervorrufen, es sei alles in Ordnung. Einige Starterbatterien haben eingebaute Meßsonden zur leichteren Überwachung des Batteriezustandes bei der Wartung des Autos.

Auf alkalische Cd/Ni- und Fe/Ni-Akkumulatoren läßt sich das Prinzip des Entladeanzeigers nach Witte nicht anwenden, weil die Laugedichte sich während der Entladung nicht ändert. Über die Bestimmung des Ladezustandes in Zink/Silber-Akkumulatoren über das Potential ist nichts bekannt. Man könnte auf den Gedanken kommen, an Stelle der offenen Spannung U_o den Innenwiderstand R_i zu messen und daraus ebenfalls den Ladezustand abzuleiten. Versuche dieser Art scheitern aber an der starken Temperaturabhängigkeit, die sich nicht ausreichend kompensieren läßt.

Ah-Zähler

Ah-Zähler sind für alle Akkumulatoren brauchbar. Man kann z.B. den Ladestrom durch ein Umschaltgetriebe um den Ladefaktor reduziert, den Entladestrom dagegen voll auf einen Motorzähler wirken lassen. Solche Geräte sind unter der Bezeichnung *Sangamo-Zähler* auch kombiniert mit Zählwerken für die Zyklenzahl der Batterie im Handel. Den Angaben eines Ah-Zählers kann man zwar die Erschöpfung der Batterie nicht genau entnehmen, weil ihre Kapazität (Ah) keine konstante Größe ist, meist liegen aber die mittleren Entladestromstärken im Bereich des Nennstromes oder doch in der Nähe eines für die jeweilige Batterieanlage typischen Wertes. Dann kann man den Entladezustand am Ah-Zähler größenordnungsmäßig ablesen.

Man darf damit rechnen, daß in zehn bis zwanzig Jahren Batterien mit Hilfe von Mikro-Computern überwacht werden können. Jede Traktionsbatterie z.B. hat dann eine Art elektronisches Krankenblatt. Daraus ist ihre Vorgeschichte, die Zahl der ordnungsgemäßen und der irregulären Entladungen und Ladungen zu entnehmen, ebenso der Temperaturverlauf und das Auftreten von harten Erschütterungen oder Vibrationen. Damit ist dann eine Vorhersage der noch zu erwartenden Lebensdauer möglich, man kann die tatsächliche Kapazität unter Betriebsbedingungen angeben und schließlich auch den Entladezustand. Ob sich dieser Aufwand aber tatsächlich lohnen wird, bleibt abzuwarten.

4.9 Wirkungsgrad von elektrochemischen Stromquellen [27]

In der Technik versteht man im allgemeinen unter dem Wirkungsgrad das Verhältnis zweier Leistungen. So findet man im Neuen Brockhaus [34] die elementare Definition: Wirkungsgrad (ist) das Verhältnis der Nutzleistung einer Maschine oder eines Gerätes zur zugeführten Leistung. Diese Definition trifft nach Ansicht des Lexikons der Physik [35] auf rein mechanische oder rein elektrische Vorgänge zu, wobei bereits an einer Stelle das Verhältnis zweier Arbeiten an Stelle der Leistungen steht. Sobald Wärme als Ausgangs- oder Zwischen-Energieform auftritt, wird die Definition des Wirkungsgrades schwieriger, weil man jetzt einen theoretischen Maximalwert angeben kann, der lediglich durch die Hauptsätze der Thermodynamik gegeben ist und der neben den technischen Unvollkommenheiten der Maschine oder des Gerätes steht [36].

Allgemein hat man zwischen dem thermischen Wirkungsgrad η, dem thermodynamischen Wirkungsgrad η_i und dem Gütegrad η_g zu unterscheiden. Ist A die theoretisch maximal gewinnbare Arbeit, A_i die tatsächlich gewonnene, gemessen z.B. als umfahrene Fläche im Indikator(pv)-Diagramm, und ΔQ schließlich die dabei verbrauchte Wärmemenge, so ist

$\eta = A/\Delta Q$ der thermische bzw. Carnot-Wirkungsgrad,

$\eta_i = A_i/\Delta Q$ der thermodynamische oder innere Wirkungsgrad

und

$\eta_g = \eta_i/\eta = A_i/A$ der Gütegrad.

Der Carnot'sche Kreisprozeß besteht aus zwei bei den Temperaturen T_1 und T_2 ablaufenden isothermen Prozessen und zwei ohne Wärmeaustausch ablaufenden adiabatischen Prozessen. Alle vier Teilschritte sind reversibel. Nach Durchlaufen des Kreisprozesses kehrt man zum Ausgangspunkt des Zustandsdiagrammes zurück. Dabei wird mechanische Arbeit abgegeben und Wärme aufgenommen. Aus dem Carnot'schen Prozeß

$$\eta = A/Q_2 = (Q_2 - Q_1)/Q_2 = (T_2 - T_1)/T_2$$

läßt sich ableiten

$$Q_1/T_1 - Q_2/T_2 = 0.$$

Daraus folgt durch Grenzübergang die Definitionsgleichung der Entropie S:

$$\int_A^Z dQ/T = S \quad \text{bzw.} \quad \int_0 dQ/T = 0.$$

A und Z bezeichnen dabei Anfangs- und Endzustand eines thermodynamischen Prozesses, O soll einen Kreisprozeß bedeuten. Sobald man irreversible Prozesse zuläßt, z.B. Reibung, Wärmeleitung oder Joule'sche Wärme, muß man zwischen reversiblen und irreversiblen Wärmemengen unterscheiden:

$$\int_0 dQ/T = \int_0 dQ_{irr}/T + \int_0 dQ_{rev}/T < 0.$$

Die durch die irreversiblen Prozesse erzeugte Wärme muß abgeführt werden. Mit der oben definierten Entropie folgt daraus bis auf das Vorzeichen, das durch Vereinbarung festgelegt wird, die Ungleichung

$$S - \int_0 dQ_{irr}/T > 0.$$

In jedem abgeschlossenen System ist also $\Delta S > 0$: Die Entropie nimmt zu, sobald irreversible Prozesse auftreten. Alle spontanen Prozesse sind teilweise irreversibel; der Zustand maximaler Entropie entspricht dem Gleichgewicht.

Eine dem geschlossenen System zugeführte Wärmemenge dQ dient zur Erhöhung der inneren Energie dU des Systems und zur Deckung der abgegebenen Arbeit dA:

$$dQ = dU + dA, \quad dS - \frac{dU + dA}{T} \geqslant 0 \quad \text{oder}$$

$$TdS - dU - dA \geqslant 0 \quad \text{bzw.}$$

$$dA \leqslant TdS - dU = - dF.$$

Die Größe F heißt freie Energie. Führt man die Enthalpien

$$dH = dU + d(pv) \quad \text{und} \quad dG = dF + d(pv)$$

ein, so wird

$$dH - d(pv) - TdS = dG - d(pv) \quad \text{bzw.} \quad dH - TdS = dG.$$

Darin ist dG die Änderung der freien Enthalpie während des Prozesses. Diese Größe heißt auch "thermodynamisches Potential". Sie hängt eng mit dem "chemischen Potential" μ zusammen:

$\mu = \partial G/\partial n$, worin n die Anzahl der beteiligten Mole ist.

Sind mehrere Stoffe an dem Prozeß beteiligt, so wird

$$\Sigma i\, \mu_i \partial n_i = \partial G.$$

Durch Einsetzen einer der Gibbs'schen Fundamentalgleichungen $S = \partial G/\partial T$ (bei konstantem Druck) erhält man die gebräuchliche Form der Gibbs-Helmholtz'schen Gleichung für konstanten Druck:

$$G = H + T\partial G/\partial T.$$

Sie läßt sich auch für ein konstantes Volumen schreiben:

$$F = U + T\partial F/\partial T.$$ [18]

Diese Gleichungen stehen in engem Zusammenhang mit der unbelasteten Spannung U_o elektrochemischer Stromerzeuger.

Entnimmt man einer Zelle einen sehr kleinen Entladestrom I, dann wird sich nach Durchgang der elektrischen Ladung $\int Idt$ (t ist die Zeit) das chemische Potential um $\Delta\mu = U_o \int Idt$ verändert haben.

[18] In der Batterietechnik bezeichnet U sowohl die innere Energie (selten) als auch die elektrische Spannung. Verwechslungen sind kaum zu befürchten

Setzt man das Entladen fort, bis das gesamte in der Zelle vorhandene chemische Potential verbraucht ist, so wird bei konstantem Druck

$$\mu = \Delta G/n = U_o \int I dt.$$

Dabei bezieht man sich auf den Umsatz von n Molen und auf die Wertigkeit von z Elementarladungen pro umgesetztes Mol und erhält endgültig

$$\Delta G/n = U_o z \mathfrak{F} \quad \text{oder} \quad U_o = \Delta G/n z \mathfrak{F}.$$

Darin ist $\mathfrak{F}$ = 26,8 Ah = 96 500 As das Faraday'sche Äquivalent.

Brennstoffzellen

Brennstoffzellen sind elektrochemische Energiewandler, die so lange elektrische Energie abgeben, wie ihnen Brennstoff und Oxidator zugeführt werden. Abgesehen von Alterungsprozessen ändern sich die Zellen nicht. Deshalb lassen sich die Gesetzmäßigkeiten der Thermodynamik besonders leicht auf sie übertragen. Nach [30] findet man in der Literatur fünf Größen:[19]

Den thermischen Wirkungsgrad als theoretischen oberen Grenzwert. $\eta^*_{therm} = \Delta G/\Delta H$

Die elektrochemische Güteziffer, die angibt, welcher Bruchteil des theoretischen Grenzwertes erreicht wird. $g = U_K/U_G$

Den praktischen Wirkungsgrad von Zelle oder Batterie unter Belastung, bezogen auf den Heizwert am Eingang der Anlage. $\eta^*_{prakt} = U_K/U_H$

Die Stromausbeute, die Auskunft über Gas- und Stromverluste innerhalb des Aggregates gibt. Auch der Eigenverbrauch der Hilfsmaschinen ist darin einbezogen. ε^*

Und schließlich den Gesamtwirkungsgrad, bezogen auf den Heizwert und die verbrauchte Menge am Eingang der Anlage. $\eta^*_{ges} = \varepsilon^* \eta^*_{prakt} = \varepsilon^* U_K/U_H$

---

[19] Der Stern * bezieht sich auf Brennstoffzellen

Nachstehend werden die einzelnen Größen erläutert.

Der *thermische Wirkungsgrad* ist der Quotient aus freier Enthalpie ΔG und Gesamtenthalpie ΔH der Zellreaktion. Bei Verbrennungsreaktionen ist ΔH der Heizwert des verwendeten Brennstoffs pro Mol. Entsteht bei der Reaktion flüssiges Wasser, so ist ΔH der obere, entsteht Wasserdampf, so ist ΔH der untere Heizwert.

Entsprechend der Gibbs-Helmholtz'schen Gleichung führt man nun zwei Spannungen ein:

$$U_G = \Delta G/nz\mathfrak{F} \quad \text{und} \quad U_H = \Delta H/nz\mathfrak{F}.$$

Damit kann man schreiben:

$$\eta^*_{therm} = \Delta G/\Delta H = U_G/U_H$$

$$= \frac{G}{\Delta G + T\Delta S} = 1 - \frac{U_G}{T \cdot \frac{\partial U_G}{\partial T}}$$

Darin ist ΔS die *Änderung der Entropie* während der Reaktion. Abgesehen von einigen Regeln für Gasreaktionen lassen sich feste Gesetzmäßigkeiten für den thermischen Wirkungsgrad elektrochemischer Stromerzeuger aus der Thermodynamik nicht ableiten. Hat die offene Spannung einen positiven Temperaturkoeffizienten, so kühlen sich die Zellen bei Stromentnahme ab, und der thermische Wirkungsgrad wird $\eta^*_{therm} > 1$. Dieser thermodynamische Effekt läßt sich experimentell nachweisen, wird aber in der Praxis durch irreversible Verluste überdeckt. Der thermische Wirkungsgrad η^*_{therm} hängt von der Zellreaktion und von der Temperatur ab (vgl. auch Tabelle 24 in Abschn. 5.1).

$2H_2 + O_2 \longrightarrow 2H_2O$ (flüssig)	bei 10 °C	η^*_{therm} =	85 %
$2H_2 + O_2 \longrightarrow 2H_2O$ (Dampf)	bei 1000 °C	η^*_{therm} =	71 %
$2C + O_2 \longrightarrow 2CO$	bei 1000 °C	η^*_{therm} =	198 %
$C + 2O_2 \longrightarrow CO_2$	bei 20 °C	η^*_{therm} =	100 %

Diese Werte sagen naturgemäß nichts über die irreversiblen Verluste aus und ebensowenig über die technische Realisierbarkeit einer bestimmten Zellreaktion. Das geht so weit, daß U_G nicht mit der an der Zelle meßbaren Ruhespannung U_o übereinstimmen muß. Das tritt immer dann ein, wenn die tatsächliche Zellreaktion anders ist als die vorgegebene. In Zellen, die mit Wasserstoff und Sauerstoff gespeist werden, entsteht neben Wasser noch Hydroperoxid H_2O_2. Dadurch wird die Spannung gedrückt. Man findet bei einem Gasdruck von 1 atü und bei 20°C etwa U_o = 1,0 bis 1,1 V gegenüber U_G = 1,23 V für die Verbrennungsreaktion $2\,H_2 + O_2 \longrightarrow 2\,H_2O$. Trotzdem wird man sich auf diese Reaktion beziehen, weil sie z.B. den Vergleich mit Wärmekraftmaschinen erlaubt.

Die *elektrochemische Güteziffer* g^* hängt von der Belastung der Zelle ab. Ihr oberer Grenzwert für unbelastete Zellen ist $g_o^* = U_o/U_G$; bei belasteten Zellen ist U_o durch die Klemmenspannung U_K zu ersetzen: $g^* = U_K/U_G$. Die Güteziffer hat praktisch nur für den Hersteller der Zellen Bedeutung. Auch der praktische Wirkungsgrad, das Produkt aus thermischem Wirkungsgrad und Güteziffer $\eta^*_{prakt} = \eta^*_{therm}\, g^*$ hat für den Anwender nur untergeordnete Bedeutung, obwohl gerade diese Größe häufig angegeben wird.

Will man die Brennstoffzellen mit anderen Stromquellen vergleichen, so benötigt man den Verbrauch von Brennstoff und Oxidationsmittel pro erzeugter kWh. Daraus läßt sich der Gesamtwirkungsgrad η^* berechnen, der aus zwei Faktoren besteht, dem praktischen Wirkungsgrad η^*_{prakt} und der Stromausbeute ε^*. Alle drei Größen hängen stark von der Belastung ab. Das Resultat eines solchen Vergleichs ist in Abb. 28 angegeben.

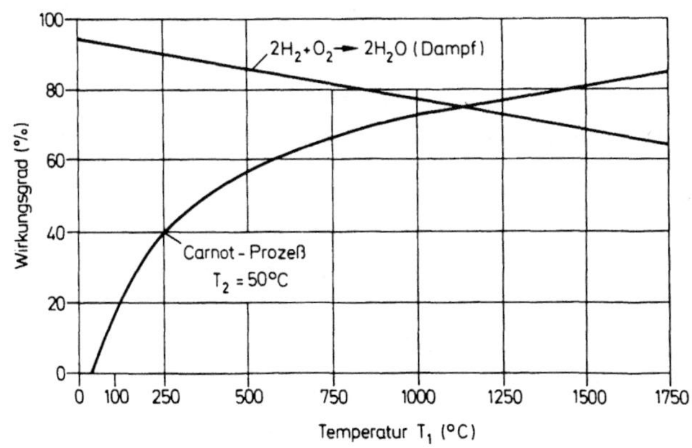

Abb. 28. Gegenüberstellung des Carnot-Wirkungsgrades einer Wärmekraftmaschine und des thermischen Wirkungsgrades der Reaktion $2\,H_2 + O_2 \longrightarrow 2\,H_2O$ in Abhängigkeit von der Temperatur. Nach [27]

Alle Angaben für den Wirkungsgrad kranken daran, daß ΔH praktisch unabhängig davon ist, ob Luft, reiner Sauerstoff oder gar Hydroperoxid als Oxidationsmittel verwendet werden, während sich dieser Unterschied wirtschaftlich stark auswirkt. Auch erforderliche Überschüsse oder Verluste werden bei der Definition des Wirkungsgrades im allgemeinen nur dann berücksichtigt, wenn sie sich auf den Brennstoff beziehen.

Man könnte zwar wünschen, den Wirkungsgrad der positiven und negativen Elektrode einzeln angeben zu können; das ist aber thermodynamisch nicht möglich, weil die Elektrodenpotentiale einen willkürlichen Bezugspunkt haben. Auch das Einschließen des Energieaufwandes bei der Herstellung der entsprechenden Menge an Oxidationsmitteln in den Wirkungsgrad führt nicht weiter, denn die Herstellungsverfahren und ihr Energiebedarf sind nicht einheitlich. Auch wäre es unlogisch, den Aufwand für die Erzeugung der (Sekundär-)Brennstoffe, z.B. Wasserstoff, Methylalkohol oder Hydrazin, nicht ebenfalls einzubeziehen. Damit erhielte man Größen, die im Rahmen der gesamten Energiewirtschaft interessant sein könnten, deren Aussagefähigkeit für die Brennstoffzellen jedoch nur noch sehr begrenzt sind.

Akkumulatoren (Sekundärelemente)

Brennstoffzellen werden nach ihrer (Nenn-)Leistung bemessen, Akkumulatoren nach ihrer Nennkapazität, einer Strommenge M, zu messen in Ampèrestunden.[20] Sind an der Entladung n Mol eines z-wertigen Stoffes beteiligt, so ist $M = nz\mathcal{F}$.

Dadurch werden Veränderungen der chemischen Zusammensetzung hervorgerufen, die durch Stromumkehr rückgängig gemacht werden. Wenn die Reaktion in der Zelle vollständig umkehrbar wäre, müßte die gleiche Strommenge ausreichen, um den Ausgangszustand herzustellen. Das Wort "umkehrbar" hat dabei keinen eindeutigen Bezug auf das Wort "reversibel", das man in der Thermodynamik verwendet und das sich auf Energie- oder Enthalpie-Größen bezieht.

Tatsächlich sind die Akkumulatoren-Abläufe nicht vollständig umkehrbar. Sie brauchen zum Laden eine größere Strommenge, als sie beim Entladen abgeben können. Das kann mehrere Ursachen haben. Vielfach treten beim Laden außer der Zellreaktion noch Nebenreaktionen auf, die ebenfalls Strom verbrauchen.

Beispiel:

$$2\,PbSO_4 + 2\,H_2O \longrightarrow Pb + PbO_2 + 2\,H_2SO_4 \quad \text{neben}$$

$$2\,H_2O \longrightarrow 2\,H_2 + O_2$$

[20] Zur Unterscheidung von der Wärmemenge Q wird hier für die Strommenge der Buchstabe M verwendet

Oder aber Entlade- und Ladereaktion sind nicht identisch, nach dem Laden tritt ein Zwischenzustand auf, der stromlos, z.B. unter Sauerstoff- und Wärmeverlust, in einen niederwertigen Zustand zurückgeht.

Beispiel:[21]

Entladung: $NiOOH + H_2O + e^- \longrightarrow Ni(OH)_2 + OH$

Ladung: $Ni(OH)_2 + 2\,OH \longrightarrow NiO_2 + 2\,e^-$

und die stromlose Abbaureaktion

$$2\,NiO_2 + H_2O \longrightarrow 2\,NiOOH + \frac{1}{2}O_2$$

Dagegen ist die eigentliche *Selbstentladung*, der ein Akkumulator unterliegt, wenn er nach dem Laden längere Zeit unbelastet steht, in die Frage nach der Umkehrbarkeit nicht einzubeziehen.

Nach [12, § 9, S. 18] ist der Strommengen-Wirkungsgrad $\eta^{\#}_{Ah}$ genormt[22] als das Verhältnis der aus einem Akkumulator entnommenen Strommenge M_e zu derjenigen, die man benötigt, um den Akkumulator wieder voll zu laden, M_v. Im allgemeinen beziehen sich die Angaben auf die Entnahme von 80 % der Nennkapazität mit dem dazugehörigen Nennstrom. Annähernd bleibt der Strommengen-Wirkungsgrad auch bei Teilentladungen und bei abweichenden Entladestromstärken der gleiche. Sein Kehrwert f wird als *Ladefaktor* bezeichnet und ist eine wertvolle Kenngröße für die Berechnung der Ladedauer.

$$\eta^{\#}_{Ah} = M_e/M_v \qquad f = 1/\eta^{\#}_{Ah} = M_v/M_e$$

Die Aufteilung des Ladestromes auf die Nutzreaktion und z.B. die Wasserzersetzung hängt von vielen Faktoren ab:

von der Ladestromdichte,
von der Temperatur,
von der Konstruktion der Platten,
ihrer Dicke und Porosität,
vom Alter der Batterie und schließlich
von der Dimensionierung der Zellenbestandteile.

---

[21] Stark vereinfacht. Höhere Nickeloxide werden nur zu einem Bruchteil der Kapazität gebildet

[22] Das Doppelkreuz # bezieht sich auf Akkumulatoren

In sehr kalten Bleiakkumulatoren (-20°C) wird der Ladestrom weitgehend zur Wasserzersetzung verbraucht, während die Platten selbst nur ganz langsam geladen werden. Bei hohen Ladeströmen wird bis zum Erreichen der Gasungsspannung eine kleinere Strommenge in die Platten geladen als bei niedrigen Strömen.

Dicke, wenig poröse Platten lassen sich nur mit relativ niedrigen Ladestromstärken in ihrem ganzen Volumen laden. Dabei muß man lange Ladezeiten in Kauf nehmen, und der Strommengen-Wirkungsgrad sinkt. Das gilt um so mehr, je schlechter die Ionenleitfähigkeit des Elektrolyten wird und je niedriger die Polarisation der Platten (Überspannung der Nutzreaktion) ist.

Der Eintritt des Gasens hängt von der Höhe der Wasserstoff- bzw. Sauerstoff-(Abscheidungs-)Überspannung an den jeweiligen Elektroden ab. Mit zunehmendem Alter der Akkumulatoren besteht die Gefahr, daß besonders die H_2-Überspannung durch eingeschleppte Verunreinigungen herabgesetzt wird. Die gleiche Wirkung hat z.B. auch das Antimon aus dem Gitter von Bleiakkumulatoren, das im Laufe der Zeit freigelegt und auf der negativen Masse abgeschieden wird. Dann gasen die Platten früher, und der Strommengen-Wirkungsgrad sinkt.

Auch der *Energie-Wirkungsgrad* $\eta^{\#}_{Wh}$ ist in [12, § 9, S. 18] genormt. Man erhält ihn als den Quotienten

$$\eta^{\#}_{Wh} = M_e\bar{U}_e/M_v\bar{U}_v = \eta^{\#}_{Ah}\bar{U}_e/\bar{U}_v\varepsilon^{\#} .$$

Darin sind M_e und M_v die aus dem Akkumulator entnommene bzw. die zum Wiederaufladen benötigte Strommenge. Während der Entladung hat die Zelle die mittlere Spannung $\bar{U}_e$, während der Ladung die mittlere Spannung $\bar{U}_v$. Da stets $\bar{U}_e < \bar{U}_v$ ist, muß auch der Energie-Wirkungsgrad $\eta^{\#}_{Wh}$ merklich unter dem Strommengen-Wirkungsgrad $\eta^{\#}_{Ah}$ liegen. Der Energie-Wirkungsgrad hängt von der Entladestromstärke ab und folgt im übrigen allen Abhängigkeiten des Strommengen-Wirkungsgrades, also insbesondere seiner Temperatur- und Altersabhängigkeit.

Der praktische, auf die Gesamtenthalpie ΔH der Zellreaktion bezogene Wirkungsgrad $\eta^{\#}_{prakt}$ und der auf die freie Enthalpie ΔG der Zellreaktion bezogene Gütefaktor $g^{\#}$ sind bei Akkumulatoren nicht genormt und haben nur wissenschaftliche Bedeutung. Für die

Zellreaktion

$$Pb + PbO_2 + 2\,H_2SO_4 \longrightarrow 2\,PbSO_4 \quad (\text{mit } z = 2)$$

lassen sich z.B. bei einer Säuredichte von 1,285 kg/l und 20°C die Enthalpien und die zugehörigen Spannungen angeben:

$\Delta H = 117{,}5$ Ws pro Mol Pb: $U_H = 2{,}19$ V,

$\Delta G = 114{,}2$ Ws pro Mol Pb: $U_G = 2{,}13$ V.

Daraus läßt sich sofort der thermische Wirkungsgrad der Zellreaktion $\eta^{\#}_{therm} = U_G/U_H = 97$ % bei dieser Temperatur und Säuredichte berechnen.

Die mittlere Entladespannung $\overline{U}_e$ einer Zelle PzS 70, vgl. Abb. 29, aus einer Traktionsbatterie ist bei fünfstündiger Entladung rund $\overline{U}_e = 1{,}92$ V. Daraus errechnen sich für diese spezielle Entladung:

$$(\eta^{\#}_{prakt})_e = \overline{U}_e/\overline{U}_H \approx 88\ \% \quad \text{und}$$

$$(g^{\#})_e = \overline{U}_e/\overline{U}_G \approx 90\ \%.$$

Lädt man die gleiche Zelle mit einem Ladegerät, das eine IU-Kennlinie hat und für $2 \cdot I_5$ ausgelegt ist, so ist die mittlere Ladespannung $\overline{U}_v \approx 2{,}35$ V. Damit lassen sich auch für das Laden unter diesen speziellen Bedingungen die beiden entsprechenden Wirkungsgrade angeben:

$$(\eta^{\#}_{prakt})_v = U_H/\overline{U}_v \approx 93\ \% \quad \text{und}$$

$$(g^{\#})_v = U_G/\overline{U}_v \approx 91\ \%.$$

Der Strommengen-Wirkungsgrad für Traktionszellen mit PzS-Platten liegt bei $\eta^{\#}_{Ah} \approx 83$ %. Für den Energie-Wirkungsgrad erhält man

$$\eta^{\#}_{Wh} = \eta^{\#}_{Ah}\,\overline{U}_e/\overline{U}_v = \eta^{\#}_{Ah}(g^{\#})_v = \eta^{\#}_{Ah}(\eta^{\#}_{prakt})$$

$$(\eta^{\#}_{prakt})_v = 68\ \%.$$

In diesen Zahlen tritt die Massenausbeute $\varepsilon^{\#}$ gar nicht auf. Sie liegt bei rund 50 % der stöchiometrischen Menge und entspricht der Stromausbeute ε^* bei den Brennstoffzellen. In der Fertigung wird aus Weichblei zunächst durch Mahlen Bleistaub hergestellt, wozu rund 100 Wh/kg aufgewendet werden müssen. Dazu kommt beim Formieren ein Energieaufwand von rund 500 Wh/kg. Neben diesen beiden relativ großen Beträgen kann man die für Schmelz-, Misch- und Trockenprozesse erforderliche Energie vernachlässigen. In Form von negativer und positiver Masse kann 1 kg Blei bei zehnstündiger Entladung und bei 50 % Ausbeute rund 125 Wh speichern. Die bei der Herstellung aufgewendete Energie verteilt sich auf sämtliche Entladezyklen, bei einer Fahrzeugbatterie mit PzS-Platten, die pro Werktag einmal zu 80 % entladen und voll aufgeladen wird, z.B. auf rund 1500 Zyklen. Daraus berechnet sich ein Energieaufwand von weniger als 3 Wh pro gespeicherte Kilowattstunde. Ob man diese Größe noch als Wirkungsgrad bezeichnen sollte, erscheint allerdings zweifelhaft.[23]

Bei den am Schluß der Entladung steil abfallenden Entladespannungen der Akkumulatoren, die mit niedriger Stromstärke entladen werden, spielt die Festlegung der Entladeschlußspannung keine Rolle für die mittlere Entladespannung und damit für den Energie-Wirkungsgrad. Anders kann das sein, wenn die Entladespannung langsam abnimmt. Dieser Fall tritt bei Hochstromentladungen von Akkumulatoren manchmal auf. Dann hat die Festlegung der Entladeschlußspannung Einfluß auf die Höhe des Energie-Wirkungsgrades. Die Entladeschlußspannungen sind aber durch Normung festgelegt, vgl. Abb. 29.

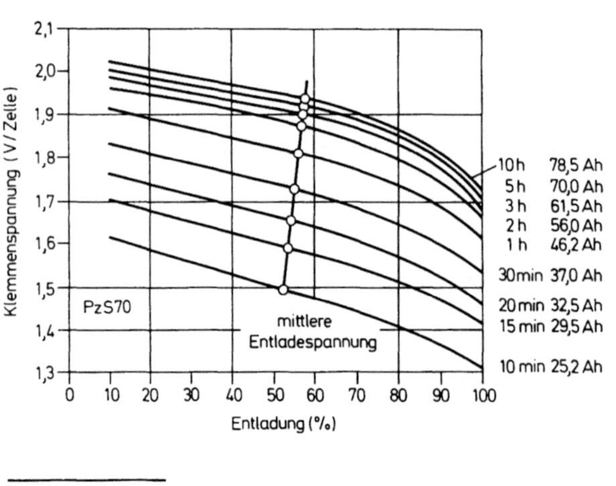

Abb. 29. Entladekurven einer Bleiakkumulator-Zelle PzS 70. Die mittlere Entladespannung ist eingezeichnet. Nach [27]

---

[23] Auch ein "Erntefaktor" im Sinne der Energiewirtschaft ist sie nicht, weil hier ja nur Energie gespeichert, also keine Primärenergie gewonnen wird

Primärzellen

Ähnlich wie "Kapazität" und "Wirkungsgrad" bei den Akkumulatoren, wird bei den Primärzellen das Wort "Leistung" abweichend benutzt. Man versteht darunter alle Batterieeigenschaften, z.B. Energieinhalt, Entladespannung, Kurzschlußstrom, Lagerfähigkeit und Erholung. Eben wegen dieser Vieldeutigkeit ist der Begriff "Batterieleistung" nicht genormt. Das gleiche gilt für den Wirkungsgrad der Primärzelle.

Soweit die Zellreaktion einheitlich und definiert ist, kann man sich auf ihre thermodynamischen Daten stützen. Das gilt z.B. für die alkalischen Quecksilberoxid-Zellen. Bei den normalen Trockenzellen mit Braunstein als wirksamen Bestandteil der positiven Elektrode und mit einer wäßrigen Lösung von Ammonium- und Zinkchlorid als Elektrolyt sind die Zellreaktionen dagegen recht verwickelt. Deshalb kann man sich praktisch nur auf die gemessenen Werte von U_O und $\partial U_O/\partial T$ stützen, die man mit U_G und $\partial U_G/\partial T$ identifiziert.

Allerdings treten dabei begriffliche Schwierigkeiten auf, die nur durch Festlegung der Bedingungen überwunden werden können. Zunächst hängen sowohl U_O als auch der Temperaturkoeffizient von der Provenienz des verwendeten Braunsteins und von der Zusammensetzung des Elektrolyten ab. Außerdem ändern sich beide Größen während der Entladung, und schließlich läßt sich U_O an teilweise entladenen Zellen nicht leicht definieren. Wenn man nämlich die Belastung für kurze Zeit abschaltet, so stellt sich zwar nach wenigen Sekunden ein Beharrungszustand ein, der aber von einer langsamen Erholung gefolgt wird. Sie erstreckt sich über mehrere Tage, ohne daß man vorhersagen kann, wann die Erholungsvorgänge beendet sind. Wartet man zu lange, so sinkt die unbelastete Spannung wieder ab, weil jetzt die Selbstentladung überwiegt. Die Ursachen dieses Verhaltens sind bekannt. Sie bestehen sowohl in chemischen Vorgängen innerhalb der positiven Elektrode als auch in Diffusion und elektrischen Ausgleichsströmen. Als Folge davon steht man aber vor der Frage, welchen Wert für U_O und $\partial U_O/\partial T$ man verwenden soll, um den Wirkungsgrad zu definieren.

In der Praxis findet man für den thermischen Wirkungsgrad

$$\eta^{\bullet}_{therm} = U_G/U_H \approx 1 - \frac{U_o}{T \cdot \frac{\partial U_o}{\partial T}}$$

bei einer Vielzahl von Fabrikaten an nicht entladenen Zellen Werte zwischen 94 und 106 %.[24] Angaben über entladene Zellen lassen sich nicht machen, weil der Temperaturkoeffizient nicht bekannt ist. Man darf aber wohl annehmen, daß die Werte ähnlich sind. Abbildung 30 zeigt den Verlauf der Klemmenspannung U_K und die Ruhespannung einer Monozelle, IEC-Bezeichnung R 20, Durchmesser 33 mm, Schulterhöhe 58 mm. Die Zelle war als Pastenzelle mit gepreßter positiver Elektrode konstruiert. Der Elektrolyt bestand aus

16 Gew.-% Ammoniumchlorid
8 Gew.-% Zinkchlorid
21 Gew.-% Weizenmehl (Type 550)
4 Gew.-% Weizenstärke und
56 Gew.-% Wasser.

Außerdem enthielt der Elektrolyt eine kleine Menge $HgCl_2$. Der pH-Wert lag bei 5,0. Die positive Elektrode enthielt natürlichen und elektrolytisch hergestellten Braunstein, leitfähigen Kohlenstoff, Ammoniumchlorid, Zinkchlorid und Wasser. Die Zinkbecher bestanden aus Feinzink, dem 0,5 % Pb und 0,02 % Cd zulegiert waren.

Abbildung 30 gibt Mittelwerte von 52 Zellen wieder. Sie wurden bei 20°C kontinuierlich über Festwiderstände von 10 Ohm entladen. Außer der Klemmenspannung U_K ist die Beharrungsspannung $U_t^{\bullet}$ eingezeichnet. Man erhält sie dadurch, daß die Belastung alle zwei Stunden für 1 Minute ausgeschaltet wird. Die dritte Kurve bezieht sich auf die Ruhespannung $U_\infty^{\bullet}$ nach 10 Tagen Erholung. Um sie zu erhalten, müssen einige der Zellen nacheinander aus der Entladung herausgenommen werden. Je nachdem, ob man U_o oder $U_t^{\bullet}$ oder $U_\infty^{\bullet}$ verwendet, erhält man z.B. für den praktischen Wirkungsgrad η_{prakt} einen der in Abb. 31 wiedergegebenen drei Verläufe.

---

[24] Der ausgefüllte Kreis • bezieht die Größe auf Primärzellen

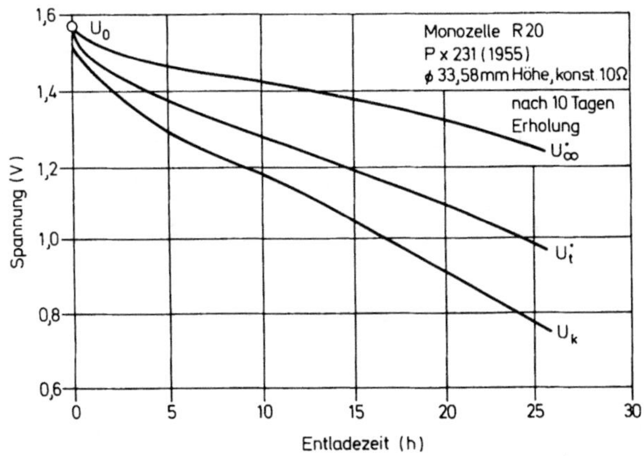

Abb. 30. Kontinuierliche Entladung einer Monozelle IEC R 20, 33 mm Durchmesser, 58 mm Höhe, bei 20°C über 10 Ohm. Nach [27]

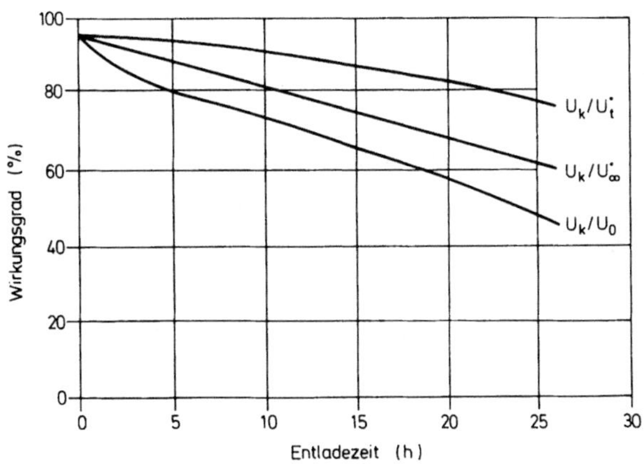

Abb. 31. Praktische Wirkungsgrade $U_k/U_t^\bullet$, $U_k/U^\bullet$ und U_k/U_o einer Monozelle bei der Entladung nach Abb. 30. Die Spannungen sind im Text erklärt. Nach [27]

Welchen davon man bevorzugt, ist einer rationalen Entscheidung in den meisten Fällen nicht zugänglich.

Auch der Gütefaktor $g^\bullet$ läßt sich verschieden definieren, und zwar als

$$g_o^\bullet = U_o/U_H \quad \text{bzw.} \quad g_t^\bullet = U_t^\bullet/U_H \quad \text{oder} \quad g_\infty^\bullet = U_\infty^\bullet/U_H \ ,$$

worin wiederum näherungsweise $U_H = U_o - T\partial U_o/\partial T$ gesetzt wird. Hier erkennt man besonders deutlich, wie unsinnig es ist, die

Vorgänge in der Zelle durch eine einzige Zellreaktion zu beschreiben. Zweifellos erniedrigt sich die Wärmetönung ΔH der Zellreaktion mit fortschreitender Entladung, auch ihre freie Enthalpie ΔG nimmt ab. Die Reaktionsentropie ΔS spielt generell in Trockenzellen keine große Rolle. $T\Delta S$ macht nur etwa ± 6 % von ΔH aus. Der thermische Wirkungsgrad der Zellen

$$\eta^{\bullet}_{therm} = U_G/U_H \approx 1 - \frac{U_o}{T \cdot \frac{\partial U_o}{\partial T}}$$

bleibt deshalb während der Entladung in groben Zügen konstant, der Gütefaktor $g^{\bullet}$ kann aber nicht auf den Anfangswert von ΔG bzw. $U^{\bullet}_G \approx U_o$ bezogen werden, weil sich die Zellreaktion nicht willkürzlich so führen läßt, daß während der ganzen Entladung ΔG konstant bleibt. Andererseits hoffen die Entwicklungs-Ingenieure, den heutigen starken Abfall von ΔG während der Entladung noch günstiger gestalten zu können. Man kann $g^{\bullet}$ deshalb auch nicht auf die gemessenen Werte von $U^{\bullet}_t$ oder $U^{\bullet}_{\infty}$ beziehen. Darum ist es zweckmäßig, bei Trockenbatterien eine andere Basis für die Güteziffer festzulegen. Man könnte z.B. von der Abnahme des Oxidationswertes x im Braunstein MnO_x während der Entladung ausgehen und nach den thermodynamischen Überlegungen von Vetter, Bode, Berndt und Schmier [38 bis 40] den Rückgang von ΔG während der Entladung ausrechnen. Diese Funktion $\Delta G(x)$ hängt von der gewählten Braunstein-Modifikation ab. Verwendet man β-Braunstein, so ist die Abnahme von ΔG klein, dieser Braunstein läßt sich aber nicht stark belasten. Deshalb werden heute meist Mischungen von β- mit γ-Braunstein angewendet oder sogar reine γ-Braunsteine, die sich zwar höher belasten lassen, bei denen aber ΔG mit der Entladung stärker sinkt.

Ähnlich wie bei den Akkumulatoren kann man eine Strommengen- und Energiebilanz der Trockenzelle aufstellen. Zur Herstellung von 1 kg Elektrolyt-Braunstein benötigt man rund 5 kWh zur Hälfte für die Elektrolyse, zur Hälfte für das Rösten, Trocknen, Mahlen usw. Bei vollständiger Entladung bis zur dreiwertigen Stufe des Mangans könnte der Elektrolyt-Braunstein fast 300 Ah abgeben. Röstvorgänge und Elektrolyse entfallen bei Natur-Braunsteinen, so daß zu ihrer Förderung, zum Sichten, zum Mahlen und Trocknen eine wesentlich kleinere Energiemenge erforderlich ist, etwa 1,5 kWh/kg. Je nach dem MnO_2-Gehalt liegt die gravimetrische Kapazität niedriger, bei 80%igem Natur-Braunstein darf man rund 240 Ah/kg erwarten. In einer Monozelle (IEC R 20) sind je nach Bauart 25 bis 30 g Braunstein enthalten. Das entspricht einer theoretischen Kapazität von 6 bis 9 Ah.

Elektrolytisch raffiniertes Feinzink benötigt zur Herstellung rund 3,5 kWh/kg. Meist wird allerdings New-Jersey-Zink verwendet, das durch Destillieren raffiniert wird. Der Energieaufwand beider Verfahren dürfte sich aber nicht stark unterscheiden, was sich z.B. durch den gleichen Preis beider Produkte dokumentiert. Die Zinkbecher der Rundzellen sind meist in der Wandstärke stark überdimensioniert, weil man Perforationen (Lochfraß-Korrosion) vermeiden möchte. Je nach seiner Wandstärke reicht der Zinkbecher der Monozelle (IEC R 20) für 12 bis 20 Ah.

Bei leichter Entladung (Dauer der reinen Entladezeit ohne Ruhepausen etwa 100 h) bis 0,75 V gibt eine normale Monozelle rund 5 Ah ab, besonders hochgezüchtete Zellen bis etwa 10 Ah. Bezogen auf den Braunstein, ist also die Ah-Ausbeute nicht schlecht. Sie sinkt aber erheblich ab, wenn man härtere Entladebedingungen erfüllen muß (vgl. Tabelle 21). Um Zink und Braun-

Tabelle 21. Kapazität und mittlere Spannung einer Monozelle (IEC R 20) bei Entladung über feste Widerstände bis zu Endspannungen von 1,0 V und 0,75 V

Entlade-rhythmus	Belastungs-Widerstand	Kapazität bis 1,0 V		Mittlere Spannung	Kapazität bis 0,75 V		Mittlere Spannung
	(Ohm) ± 0,5 %	(Ah) ± 10 %	(Wh) ± 10 %	(V) ± 0,05 V	(Ah) ± 10 %	(Wh) ± 10 %	(V) ± 0,05 V
kontinu-ierlich	1	0,2	0,2	1,10	0,5	0,4	0,85
	10	1,2	1,4	1,15	1,8	1,8	1,00
	100	3,6	4,4	1,25	4,6	5,3	1,15
	1000	6,3	8,5	1,35	6,5	8,5	1,30
	2000	5,9	8,5	1,45	6,0	8,4	1,40
kont.	10	1,2	1,4	1,15	1,8		1,00
8 h/Tag	10	2,2	2,6	1,20	3,3		1,10
2 h/Tag	10	2,8	3,3	1,20	4,3		1,15
30 min/Tag	10	2,7	3,2	1,20	4,0		1,15
kont.	5	0,8	0,9	1,10	1,4		0,95
2 h/Tag	5	2,1	2,5	1,20	3,8		1,10
30 min/Tag	5	2,7	3,2	1,20	4,7		1,15

stein herzustellen, müssen pro Monozelle 90 bis 250 Wh aufgewendet werden. Zum Vergleich ist der Energieinhalt der Zellen bei unterschiedlichen Entladebedingungen in Tabelle 21 angegeben. Mit besonders hochgezüchteten Zellen lassen sich die Werte bei Belastung von 100 Ω oder mehr um 50 %, bei Belastung mit kleineren Widerständen auch stärker erhöhen.

4.10 Sonstiges

Die Unterbringung von Akkumulatoren und Ladegeräten sowie die Belüftung von Batterieräumen und Batteriebehältern ist in den VDE-Bestimmungen 0510 behandelt. Die Installation muß VDE 0100 entsprechen. Für Schiffe sind DIN 89 001 und DIN 89 002 einzuhalten. Für Anlagen zur Hilfs- und Notstromversorgung, insbesondere in öffentlichen Gebäuden, ist VDE 0108 maßgebend.

5 Hochenergie-Primärzellen [17]

Unter *Hochenergiezellen* versteht man elektrochemische Stromquellen mit einer wesentlich höheren auf das Volumen oder auf die Masse bezogenen Energiedichte, als sie die in den beiden vorangegangenen Abschnitten behandelten Akkumulatoren und Primärzellen haben. Hochenergiezellen können selbst ebenfalls Akkumulatoren oder Primärzellen sein.

Nicht synonym damit ist die Bezeichnung *Hochleistungszellen*, die allgemein für Primärzellen mit hoher Qualität benutzt wird. Zellen, die sich besonders hoch belasten lassen, z.B. Nickel/Cadmium-Akkumulatoren mit Sinterelektroden, Silber/Zink-Akkumulatoren, auch Mg/AgCl-Seenotbatterien oder thermisch aktivierbare Zellen haben keine besondere Gattungsbezeichnung.

Praktisch alle Primärelemente enthalten als negative Elektroden Metalle, die unedler als Wasserstoff sind. In wäßrigen Lösungen sind sie nur deshalb stabil, weil die Abscheidung von Wasserstoff stark gehemmt ist. Auf diese Weise kann man Zink, das rund 0,8 V unedler als Wasserstoff ist, noch gut verarbeiten. Magnesium (1,6 V unedler) benötigt bereits eine Chromat-Schicht, hat sich für den Allgebrauch nicht durchgesetzt. Die unedlen Alkali- und Erdalkali-Metalle lassen sich auch durch Kunstgriffe in wäßrigen Lösungen nicht stabilisieren. Will man auf sie zurückgreifen, so muß man aprotische Elektrolyte benutzen, die keinen Wasserstoff abgeben können. Dazu gibt es mehrere Möglichkeiten.

Um auch an der positiven Elektrode eine möglichst hohe Energiedichte zu installieren, bieten sich die *Halogene* an. Als Elemente lassen sie sich in Batterien nur mit größten Schwierigkeiten verarbeiten. Deshalb verwendet man z.B. Graphit mit interstitiell eingebautem Fluor (CF_x) oder organische Verbindungen, die viel Chlor enthalten und es leicht abgeben, z.B. Hexachlor-melamin $C_3N_3(NCl_2)_3$. Ein anderer Weg besteht darin, Luft als Oxidationsmittel an der positiven Elektrode wirksam werden zu lassen. Dieser Gedanke ist in den Luftsauerstoffelementen seit langem verwirklicht, jetzt aber in den Metall/Luft-Akkumulatoren und -Primärzellen[25] wesentlich weiter entwickelt worden.

Aus der freien Enthalpie der charakteristischen Zellreaktion lassen sich Werte für die theoretische unbelastete Spannung U_G und für die theoretische Energiedichte Q der Zelle berechnen. Tabelle 22 zeigt einige Beispiele. Die energiereichste Reaktion ist die elektrochemische *Oxidation von Lithium mit elementarem Fluor*. Sie hat (ohne Elektrolyt, Gehäuse usw.) eine theoretische Energiedichte von über 6000 Wh/kg, die theoretische unbelastete Spannung ist etwa 6 V. Diese Reaktion läßt sich aber in Batterien nicht durchführen, weil elementares Fluor zu korrosiv ist. Wichtiger sind die anderen Beispiele, etwa die elektrochemische Bildung von Chloriden, Hydroxiden oder Sulfiden.

Von diesen theoretisch besonders aussichtsreichen Zellreaktionen sind bisher nur ganz wenige in die Entwicklung gekommen, z.B. die in Abschn. 6 behandelten Na/S- und Li/S-Akkumulatoren. Für kurze Zeit war ein Mg/Luftsauerstoff-Füllelement, die Gordon-Zelle, auf dem Markt. Dagegen haben sich andere Hochenergiezellen einen gewissen Markt erobert, der sich langsam ausweitet. Das sind die in den beiden oberen Absätzen von Tabelle 22 enthaltenen Reaktionen sowie einige Homologe.

Die theoretische Energiedichte des Bleiakkumulators beträgt rund 161 Wh/kg. Davon ist in der Praxis bei zehnstündiger Entladung rund ein Viertel erreicht, Steigerung auf ein Drittel ist bestenfalls zu erwarten. Der ganze Rest ist Elektrolyt, Scheider, Halterungen, Leitblei, Zellgefäß usw. Mit Vorbehalt darf man daraus schließen, daß sich auch bei den Hochenergiezellen nur ein kleiner Bruchteil der theoretischen Energiedichte ausnutzen lassen wird. Viele Hochenergiezellen sind ursprünglich als Akkumulatoren gedacht gewesen. Aber nur auf dem Gebiet der Primärelemente sind einige Typen auf den Markt gekommen.

---

[25] Metall/Luft-Primärzellen sind in Abschn. 2.7 behandelt worden

Tabelle 22. Theoretische unbelastete Spannung U_G und Energiedichte ϱ_{th} einiger charakteristischer Zellreaktionen. Dabei ist nur die Masse der aktiven Stoffe in den Elektroden berücksichtigt, der Elektrolyt, Leitmaterial, Gehäuse usw. dagegen nicht. Die Tabelle sagt nichts darüber aus, ob sich die Zellreaktion verwirklichen läßt. Negative Elektrode zuerst geschrieben

Charakteristische Zellreaktion	U_G (V)	ϱ_{th} (Wh/kg)
$2\ Li + CuS \longrightarrow Li_2S + Cu$	2,45	1200
$2\ Li + Ag_2CrO_4 \longrightarrow Li_2CrO_4 + 2\ Ag$	3,30	512
$Li + CF_{x=1} \longrightarrow LiF + C$	3,22	2270
$Li + MnO_2 \longrightarrow LiMnO_2$	3,5	1000
$6\ Li + Bi_2O_3 \longrightarrow 3\ Li_2O + 2\ Bi$	2,04	647
$2\ Li + 2\ SO_2 \longrightarrow Li_2S_2O_4$	3,0	1130
$8\ Li + 3\ SOCl_2 \longrightarrow 3\ Li_2O + 2\ LiCl + 3\ S$	3,67	1900
$2\ Li + F_2 \longrightarrow 2\ LiF$	6,07	6270
$2\ Li + Cl_2 \longrightarrow 2\ LiCl$	3,99	2520
$4\ Li + O_2 + 2\ H_2O \longrightarrow 4\ LiOH$	3,37	3240[a]
$2\ Li + 3\ S \longrightarrow Li_2S_3$	2,3	1120
$2\ Na + Cl_2 \longrightarrow 2\ NaCl$	3,99	1830
$4\ Na + O_2 + 2\ H_2O \longrightarrow 4\ NaOH$	2,69	1800[a]
$2\ Na + 3\ S \longrightarrow Na_2S_3$	2,08	800
$Mg + Cl_2 \longrightarrow MgCl_2$	3,08	1730
$2\ Mg + O_2 + 2\ H_2O \longrightarrow 2\ Mg(OH)_2$	3,10	2850[a]

[a]Masse des Sauerstoffs eingerechnet

5.1 Primärelemente mit organisch gelöstem Elektrolyten

Von mehreren Firmen werden Primärzellen hergestellt, die als Elektrolyt organisch gelöste Lithiumsalze haben, z.B. $LiClO_4$, $LiAlCl_4$, $LiAsF_6$, Halogenide usw. Als Lösungsmittel dienen Acetonitril, CH_3CN, Dimethoxi-ethan, $(CH_3O)_2C_2H_4$, Propylencarbonat, $C_3H_6CO_3$, oder Tetrahydrofuran, $(CH_2)_4O$, teilweise mit nichtionogenen Zusätzen. Diese Elektrolyte haben nur eine begrenzte Leitfähigkeit, bei 20°C rund 0,01 $ohm^{-1}cm^{-1}$. Zum Vergleich: Die Kalilauge in alkalischen Primärzellen hat 0,25 $ohm^{-1}cm^{-1}$.

Deshalb eignen sich Zellen mit organisch gelöstem Elektrolyten nur für langsame Entladungen. Ihr Innenwiderstand ist ziemlich hoch. Vielfach werden Elektrodenwickel angewendet, um die Zellenströme auf große, eng benachbarte Elektrodenflächen zu verteilen. Knopfzellen, Rundzellen und prismatische Zellen mit Kapazitäten von wenigen mAh bis etwa 30 Ah sind auf dem Markt.

Das erste erfolgreiche dieser Zellsysteme ist in Frankreich entwickelt worden [46]. Als negative Elektrode ist metallisches Lithium auf Stahlstreckmetall gewalzt. Der Elektrolyt besteht aus einer Lösung von $LiClO_4$ in einer Mischung von Tetrahydrofuran und 1,2-Dimethoxi-ethan, Leitfähigkeit bei 20°C rund 0,003 $ohm^{-1}cm^{-1}$. Die positive Elektrode ist sulfidiertes Kupferdraht-Gewebe. Abbildung 32 zeigt Entladekurven, Tabelle 23 den Energieinhalt einer relativ großen Zelle dieser Bauart. Die Stufe in den Entladekurven entspricht zwei Zellreaktionen

$$CuS \longrightarrow Cu_2S \longrightarrow Cu.$$

Ähnlich wie bei der Zink/Silber-Zelle (vgl. Abschn. 2.6, Abschn. 4.5 und Abb. 24) wird diese Stufe durch hohe Belastung verschmiert. Der Energieinhalt ist bei langsamer Entladung beachtlich hoch. Zum Vergleich: Zn/HgO-Primärzellen geben bei 330stündiger Entladung etwa 100 Wh/kg bzw. 370 Wh/l ab, bei 10stündiger Entladung etwa 50 Wh/kg bzw. 190 Wh/l.

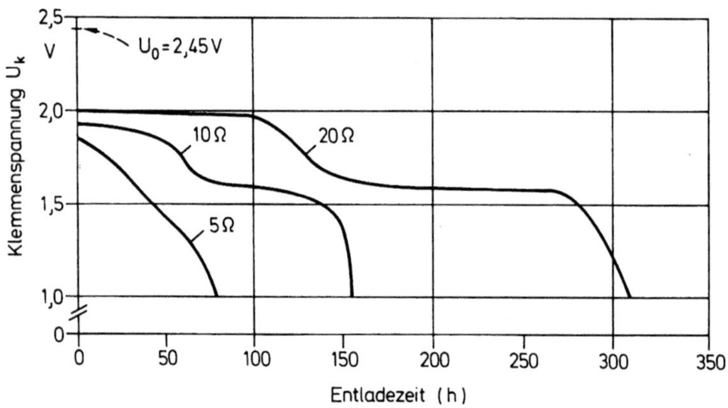

Abb. 32. Entladekurven einer Li/CuS-Primärzelle, entladen bei 20°C über konstante Widerstände, nach [46]. Grenzwert der Kapazität für langsame Entladung rd. 30 Ah. Volumen 100 cm^3, Gewicht 175 g

Tabelle 23. Energieinhalt und Innenwiderstand einer Li/CuS-Primärzelle nach [46]. Volumen 100 cm^3, Gewicht 175 g, entsprechend Abb. 30. Bezogen auf Entladung über konstante Widerstände bei Zimmertemperatur

Belastungs-widerstand	Energieinhalt		Entladedauer bis 1,0 V	Innenwiderstand zu Beginn
(Ohm)	(Wh/kg)	(Wh/l)	(h)	(Ohm)
20	300	540	310	4,5
10	275	500	160	2,9
5	230	410	80	1,6
3	190	340	46	1,2
2	150	270	28	1,0
1	125	220	13	0,75
0,5	100	180	3	0,5

Wie alle Lithium-Zellen müssen die Li/CuS-Zellen dicht verschlossen und absolut trocken hergestellt werden. Sie lassen sich nicht laden. Die Hersteller-Firma hat zwar eine beschränkt aufladbare Li-Zelle entwickelt (vgl. Abschn. 6.1), die aber nicht auf den Markt gekommen ist. Die Lagerfähigkeit ist gut, auch bei höheren Temperaturen. Man kann andererseits auch Zellen herstellen, die bis -40°C noch befriedigend arbeiten. Der einzige Nachteil ist der hohe Preis. Sie sind praktisch nur für militärische Zwecke verwendet worden, in geringem Umfang auch bei der Polizei.

Die Li/CuS-Zellen spielen eine Pionier-Rolle. Ihre Auslegung zielt auf verhältnismäßig hohe Kapazitäten, bis 30 Ah bzw. 60 Wh pro Zelle. Bei diesen großen Zellen verhindert der vergleichsweise hohe Preis der Rohstoffe das Eindringen in den kommerziellen Markt. Außerdem kommt die herausragend gute Lagerfähigkeit nicht recht zum Tragen. Ein wirtschaftlicher Durchbruch ist den Lithium-Zellen 1975 im Bereich der implantierten Herzschrittmacher gelungen [47,48], insbesondere durch die von Greatbatch entwickelten Zellen mit festem Elektrolyten (vgl. Abschn. 5.4). Bei dieser Anwendung kommt es darauf an, implantiert im Körper, d.h. bei 37°C, eine Leistung von 0,1 mW über 5 Jahre mit höchster Zuverlässigkeit zur Verfügung zu stellen. Diese Batterien sind verhältnismäßig klein, rd. 5 Wh, und werden elektrisch sehr schwach belastet. Der Preis spielt hier keine entscheidende Rolle. Auch andere Anwendungen: Taschenrechner, Armbanduhren, kleine Radioapparate, Hörgeräte, Schrittzähler, Metronome, Fotoapparate und nicht zuletzt die C-MOS-Speicher in Rechenanlagen weisen in Richtung auf niedrig belastete, langlebige, relativ kleine Zellen. Bei diesen Zellen überwiegen Fertigungs- und Vertriebskosten; der Rohstoffpreis spielt nur noch eine geringe Rolle.

Speziell für implantierte Herzschrittmacher und für Armbanduhren wurde um 1974 die *Lithium/Silberchromat-Zelle* entwickelt (vgl. [19,50]). Solche Zellen haben nicht ganz den hohen Energieinhalt der Li/CuS-Zellen, aber eine höhere Klemmenspannung und eine Entladekurve ohne Stufe. Ihre Lagerfähigkeit erreicht bei Körpertemperatur viele Jahre. In den USA und in Japan sind Zellen entwickelt worden, bei denen als positive Elektrode Graphit mit eingelagertem Fluor verwendet wird, formal dargestellt als CF_x. In der Praxis läßt sich erreichen, daß der Graphit pro Kohlenstoff-Atom etwa ein Fluor-Atom aufnimmt. Er bläht sich dabei auf und verliert seine Leitfähigkeit, ist aber relativ stabil und läßt sich in organisch gelösten Elektrolyten gegen Lithium entladen. Zellen dieses Systems sind mehrfach beschrieben worden [17,18] und wahrscheinlich bereits auf dem Markt.

Eine wichtige Rolle spielen *Li/MnO$_2$-Zellen*, die als Knopfzellen und kleine Rundzellen im Handel sind (vgl. Tabelle 24 und Abb. 33 nach [44,50]). Die Zellen sind im allgemeinen für langsame Entladung gedacht, können aber z.B. durch die Wickeltechnik auch an höhere Entladeraten, etwa bis 10stündig, angepaßt werden. Diese Bauarten lassen sich dann z.B. auch zum Betrieb von Kassettenrekordern verwenden, ein Anwendungsfall, der für Primärzellen immer problematisch war.

Tabelle 24. Nennkapazität C_N, maximal zulässiger Entladestrom I_{max} und Abmessungen einiger Li/MnO$_2$-Primärzellen nach [44], Auswahl aus rund 20 Typen. Die Zellen haben sämtlich die Nennspannung 3,0 V. CR ist eine japanische Normbezeichnung. Bei IEC und DIN ist noch keine Normung erfolgt

Typ	C_N (mAh)	I_{max} (mA)	Durchmesser (mm)	Länge (mm)	Dicke (mm)	Gewicht (g)
CR 772	30	3	7,9	7,2		1
CR - 2N	1000	100	12	60		13
CR 2016	50	1	20		1,6	2
CR 2032	170	1	20		3,2	3
CR 2420	120	1	24		2,0	4
CR 2430	200	1	24		3,0	4
CR 2430 H	160	10	24		3,0	4

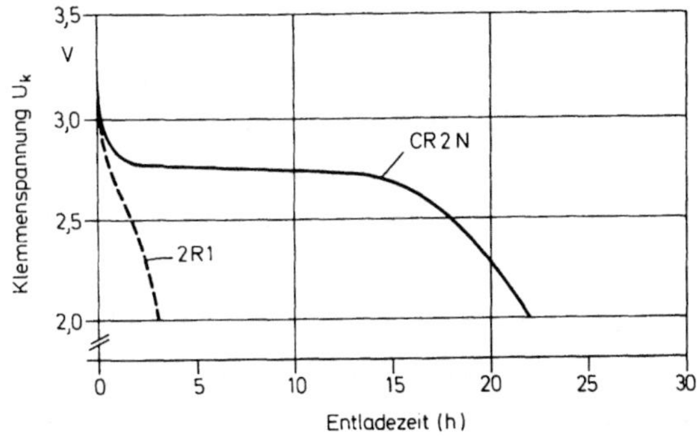

Abb. 33. Entladekurve einer Li/MnO_2-Primärzelle CR - 2N. Die Abmessungen entsprechen der zweizelligen Lady-Batterie IEC 2 R 1 mit der gleichen Nennspannung von 3,0 V. Kontinuierliche Entladung mit 55 mA. Gestrichelt: Entladekurve der Trockenbatterie IEC 2 R 1

Die negative Elektrode besteht aus Lithium auf einem Träger aus Streckmetall. Als Elektrolyt wird $LiClO_4$ in einer Mischung von Propylencarbonat und 1,2-Dimethoxi-ethan gelöst. Die wirksame Substanz an der positiven Elektrode ist ein spezieller Braunstein, der so ausgewählt ist, daß er bei der Entladung kein Wasser abgibt. Die Elektrodenreaktion besteht im Einbau von Li^+-Ionen in das MnO_2-Gitter, analog zur Entladung von Pyrolusit in wäßrigen Elektrolyten:

$$MnO_2 + Li^+ + e^- \longrightarrow LiMnO_2$$

analog zu

$$\beta\text{-}MnO_2 + H^+ + e^- \longrightarrow \gamma\text{-}MnOOH.$$

Die offene Spannung von rund U_o = 3,5 V hängt etwas von der Herstellung des Braunsteins ab. Bei Zimmertemperatur ist die Klemmenspannung bei einer geometrischen Stromdichte von rund 5 $\mu A/cm^2$ rund 3,0 V und bei 100 $\mu A/cm^2$ entsprechend Abb. 33 rund 2,8 V. Der Energieinhalt liegt bei 400 bis 600 Wh/l, die Selbstentladung bei 1 bis 2 % pro Jahr. Die Zellen können zwischen -20 und +60°C verwendet werden. Sie sind zum Einlöten in elektronische Schaltungen geeignet.

Die Nennspannung der Li/MnO_2-Zellen ist mit 3,0 V gerade doppelt so hoch wie bei den normalen Trockenzellen. Man kann also z.B. zwei in Reihe geschaltete Trockenzellen durch eine

Li/MnO_2-Zelle ersetzen. Die Entladekurve in Abb. 33 gehört zu der langen dünnen Rundzelle CR 2 N, deren Abmessungen mit denen der zweizelligen Stabbatterie 2 R 1 übereinstimmen. Beide haben die gleiche Nennspannung und die gleichen Abmessungen. Allerdings wäre die kontinuierliche Entladung der kleinen Trockenbatterie mit 55 mA stark überzogen. Ihre Anwendung waren kleine Schmucktaschenlampen für Damenhandtaschen. Die Entladung bis 2 V ergibt für die Li/MnO_2-Zelle eine siebenmal längere Entladezeit. Naturgemäß werden diese beiden Batterien nie gegeneinander ausgespielt werden. Das verhindert schon der Preisunterschied.

Vielfach möchte man den hohen Energieinhalt und die gute Lagerfähigkeit der Li-Zellen auch für solche Geräte nutzbar machen, die nur 1,5 V benötigen, beispielsweise Hörgeräte. Die Rohstoffe für die meisten Li-Zellen sind umweltfreundlich und beliebig verfügbar. Die Fertigung hat sich als weniger heikel erwiesen, als ursprünglich befürchtet worden ist.

Ein Beispiel für diese *Niedervolt-Li-Zellen* ist das System Li/Bi_2O_3. Daneben gibt es weitere, z.B. mit CuO oder Fe_2S als positiver Elektrode (vgl. [50]). Li-Zellen mit einer Nennspannung von 1,5 V pro Zelle stehen kurz vor der Fertigungsreife.[26] In den modernen kleinen Zink/Luft-Zellen mit alkalischem Elektrolyten ist ihnen aber ein starker Wettbewerber entstanden.

Auch bei Niedervolt-Li-Zellen wird als negative Elektrode metallisches Lithium auf einem unangreifbaren Träger verwendet. Als Elektrolyt ist $LiClO_4$ in einer Mischung von organischen Lösungsmitteln gelöst. Die wirksame Substanz der positiven Elektrode ist Bi_2O_3, die offene Spannung rund 2,1 V. Abbildung 34 zeigt die Entladekurve einer kleinen Versuchszelle. Eine etwas größere Knopfzelle, die den IEC-Normabmessungen R 08 entspricht, hat nach [44] folgende Eigenschaften:

Li/Bi_2O_3-Versuchszelle entsprechend IEC R 08

Durchmesser 11,6 mm, Dicke 3,6 mm, Volumen 0,35 cm^3, Gewicht 1 g

Einsatzspannung 1,7 V

Kontinuierliche Entladung mit 0,3 mA bis 1,0 V ergibt 120 mAh bzw. 220 mWh entsprechend rd. 220 Wh/kg oder 650 Wh/l.

Zum Vergleich: Zn/HgO-Primärzelle gleicher Abmessungen, IEC NR 08, ergibt bei kontinuierlicher Entladung über 835 Ohm (rd. 1,5 mA) bis 0,9 V rd. 100 mAh bzw. 125 mWh, entsprechend rd. 85 Wh/kg oder 375 Wh/l.

---

[26] Ab Frühjahr 1982 sind die ersten auf dem Markt

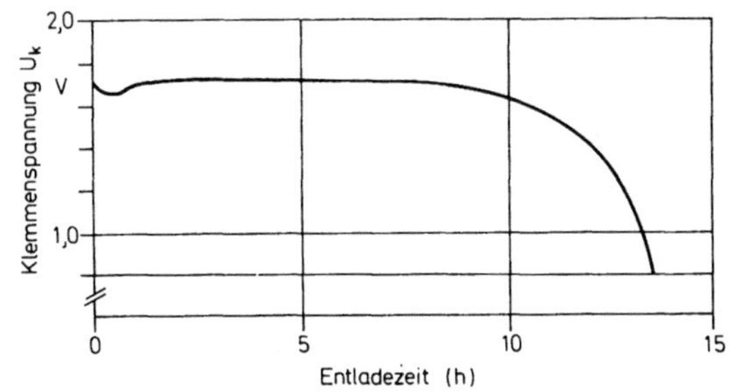

Abb. 34. Entladekurve einer Li/Bi_2O_3-Primärzelle, Knopfzelle mit 11,6 mm Durchmesser und 2,1 mm Dicke. Kontinuierliche Entladung mit 0,14 mA bei Zimmertemperatur, nach [44]

5.2 Primärzellen mit anorganischen, nicht-wäßrigen Elektrolyten [17,22,42,43,45]

Es gibt einige anorganische Flüssigkeiten, die mit Lithium verträglich sind, z.B. Sulfurylchlorid (SO_2Cl_2) und Thionylchlorid ($SOCl_2$). Auch Phosphorylchlorid und seine Homologen $POCl_3$, $PSCl_3$, $POFCl_2$ usw. sowie verflüssigtes Schwefeldioxid und verflüssigter Ammoniak kommen in Betracht. Man löst Lithiumsalze (z.B. LiBr oder $LiClO_4$) darin und erhält Elektrolyte mit ähnlicher Leitfähigkeit, rd. 0,003 $ohm^{-1}cm^{-1}$, wie bei den organischen Lösungsmitteln. Als positive Elektrode können anorganische Oxidationsmittel dienen, etwa WO_3 oder NiS. Einige der aprotischen Lösungsmittel können selbst als wirksame Stoffe an der positiven Elektrode dienen, z.B. SO_2, $SOCl_2$ und SO_2Cl_2. Zellen mit den ersten beiden dieser Stoffe sind im Handel (vgl. Tabellen 25 und 26).

Die *Li/SO_2-Zellen* [22,42] haben einen komplex zusammengesetzten Elektrolyten:

23 Gewichtsteile SO_2,
10 GT Acetonitril,
3 GT Propylencarbonat,
6 GT wasserfreies LiBr.

Die negative Elektrode besteht aus metallischem Lithium auf Kupfer-Streckmetall. Die positive Elektrode ist inert. Sie kann z.B. aus Aluminium-Streckmetall bestehen, das mit Kohle beschichtet ist. Zwischen den Elektroden sind poröse Separatoren aus Poly-

Tabelle 25. Nennkapazität C_N, Nennstrom I_N und Abmessungen einiger Li/SO_2-Zellen nach [42], Auswahl aus rund 10 Typen. Nennspannung 2,8 V (vgl. [22] und Abb. 35)

Typ	entspricht IEC-Zelle	C_N (Ah)	I_N (mA)	Durchmesser (mm)	Länge (mm)	Gewicht (g)
400-5 S	1/2 R 6	0,53	11	14,5	28	8
440 S		1,0	15	16,5	35	12
400 S	R 6	1,2	24	14,5	51,5	13
660 S	R 14	3,0	100	26	51,5	46
550 S	R 20	8,0	250	34	61	85
660-5 AS		30	1000	42	140	290

Tabelle 26. Nennkapazität C_N bei 1 mA Last, Nennstrom I_N und Abmessungen von Li/$SOCl_2$-Zellen nach [43]. Unbelastete Spannung U_o = 3,67 V. Nennspannung, definiert bei I_N, rund U_N = 3,4 V. Für 20°C (vgl. Abb. 36)

Typ	entspricht IEC-Zelle	C_N (Ah)	I_N (mA)	Durchmesser (mm)	Länge (mm)	Gewicht (g)
TL 2150	1/2 R 6	0,85	0,2	14,3	24,5	10
TL 2100	R 6	1,9	0,2	14,3	49,5	19
TL 2200	R 14	5,2	30	25,8	49,5	52
TL 2300	R 20	10,5[a]	45	32,6	60,9	100

[a] Es gibt für militärische Anwendungen Li/$SOCl_2$-Zellen bis 20 000 Ah

propylen angeordnet. Die Zellen sind in Wickeltechnik konstruiert und haben Sicherheitsventile, die bei 3 MPa Überdruck (rd. 30 atü) und bei 115°C ansprechen. Die Zellen arbeiten zwischen -50 und +75°C. Bei -40°C haben sie noch 60 % der Nennkapazität.

Reines SO_2 hat bei 75°C einen Dampfdruck von rund 1,6 MPa Überdruck (rd. 16 atü), der aber bei dem hier verwendeten Elektrolyten stark reduziert ist. Selbst wenn es aber zum Abblasen kommt, ist die austretende Menge ziemlich klein. Eine Monozelle (IEC-Abmessungen R 20) enthält z.B. weniger als 25 g oder 0,01 Nm^3 Schwefeldioxid.

Ursprünglich bestanden gegen diese Zellen erhebliche Sicherheitsbedenken: Lithium-Metall ist feuergefährlich, vor allem wenn es mit Wasser in Berührung kommt. SO_2 und die Schwefelchloride sind aggressiv und umweltschädlich. Die Zellen stehen dauernd unter Druck. Inzwischen hat sich aber gezeigt, daß sowohl die Fertigung als auch die Verwendung ordnungsgemäß konstruierter Zellen dieser Bauart unbedenklich sind. Allerdings darf man keinesfalls versuchen, sie zu laden (!). Verbrauchte Zellen dürfen nicht ins Feuer geworfen werden.

Li/SO_2-Zellen haben eine unbelastete Spannung von $U_o = 3{,}0$ V. Beim Einschalten der Belastung sinkt die Spannung zunächst auf 2,2 bis 2,5 V ab und steigt dann in 10 bis 20 min auf 2,4 bis 2,9 V an. Diese Erscheinung nennt der Spezialist "Spannungssack" bei den Bleiakkumulatoren oder "delayed action" bei Primärzellen mit negativen Magnesium-Elektroden. Bei Lithium-Zellen wird das vorübergehende Absinken der Spannung auf Schichten zurückgeführt, die sich bei stromlosem Aufbewahren von Li in SO_2 oder $SOCl_2$ bilden. Sie werden bei Stromfluß abgebaut und bilden sich in Entladepausen neu (Abb. 35 zeigt Entladekurven). Bei 100stündiger Entladung hat die Monozelle (IEC-Abmessungen R 20) einen Energieinhalt von 215 Wh/kg bzw. 420 Wh/l. Die Selbstentladung beträgt rund 2,5 % pro Jahr bei Zimmertemperatur.

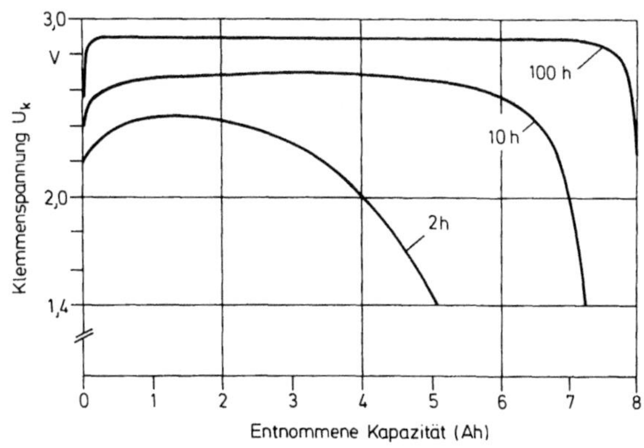

Abb. 35. Entladekurven einer Li/SO_2-Primärzelle, Abmessungen etwa wie Typ 550 S (IEC R 20), vgl. Tabelle 25. Konstruiert nach Angaben bei [22] und [42]

Zur Zeit sind Zellen mit Nennkapazitäten zwischen 0,5 und 30 Ah auf dem Markt (vgl. Tabelle 25). Es gibt die Zellen auch mit Lötfahnen zum Einlöten in Platinen, sowie Batterien mit Spannungen bis 28 V. Die Batterien werden mit Dioden zum Schutz gegen Rückstrom und mit Schmelzsicherungen gegen Kurzschluß ausgerüstet. Die Zellen werden überwiegend im militärischen Bereich verwendet.

$Li/SOCl_2$-Zellen [43,45,50] enthalten eine Lösung von $LiAlCl_4$ in Thionylchlorid. Die negative Elektrode besteht aus Lithium auf einem Stahlträger, die positive Elektrode ist inert. Die

Zellen arbeiten zwischen -55 und +75°C. Bei -30°C haben sie noch etwa die Hälfte der Nennkapazität. Der Gefrierpunkt von reinem Thionylchlorid liegt unter 100°C, der Siedepunkt bei +78°C. Der Dampfdruck ist klein, die Zellen benötigen kein Sicherheitsventil. Thionylchlorid ist eine scharf riechende, an der Luft rauchende Flüssigkeit, die mit Wasserdampf in SO_2 und HCl zerfällt. Kommt es zum Austritt von Elektrolyt, so ist Abspülen mit viel Wasser oder mit einprozentiger $NaHCO_3$-Lösung zu empfehlen. In einer Monozelle (IEC-Abmessungen R 20) sind etwa 20 cm^3 bzw. 30 g $SOCl_2$ enthalten.

Die Li/$SOCl_2$-Zellen haben theoretisch eine unbelastete Spannung von 3,67 V. In der Praxis werden 3,6 V gemessen. Auch hier beobachtet man beim Einschalten der Entladung einen starken Einbruch der Spannung, der nach wenigen Minuten zurückgeht. Die Bildung der Schichten kann man verhindern, wenn man die Zellen ständig mit einigen µA belastet. Abbildung 36 zeigt Entladekurven. Bei 100stündiger Entladung ergibt sich ein Energieinhalt von rd. 375 Wh/kg bzw. knapp 600 Wh/l. Die Kapazität der Zellen ist z.T. lageabhängig. Die Selbstentladung ist 2 % pro Jahr bei Zimmertemperatur. Auf dem Markt sind Zellen mit Nennkapazitäten zwischen 0,8 und 10 Ah (vgl. Tabelle 26). Es gibt die Zellen auch mit Lötfahnen zum Einlöten in Platinen. Sie müssen durch Dioden gegen Rückstrom geschützt werden, sind aber kurzschlußfest. Auch diese Zellen können zu Batterien zusammengeschaltet werden. Eine aktivierbare Zelle mit diesem Elektroden- bzw. Elektrolytsystem wird hergestellt. Die Li/$SOCl_2$-Zellen finden Anwendung im militärischen Bereich und zur Notstromversorgung von C-MOS-Speichern in Datenverarbeitungsanlagen.

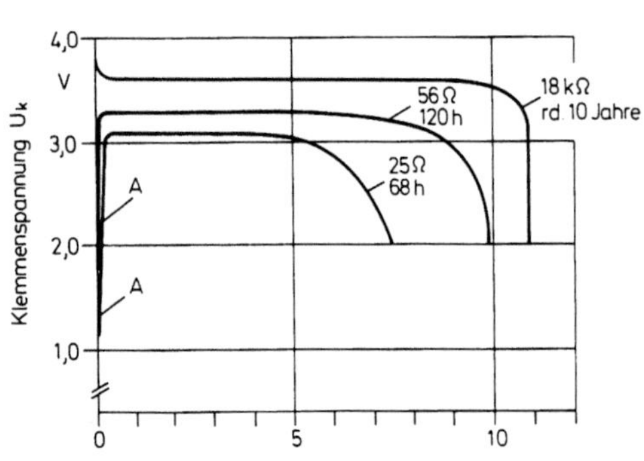

Abb. 36. Entladekurven einer Li/$SOCl_2$-Primärzelle entsprechend Typ 2300 (IEC R 20), umgezeichnet nach [43], vgl. Tabelle 26 und [44]. Kontinuierliche Entladung über feste Widerstände bei 20°C nach einem Jahr Lagerung bei 25°C. Die Verzögerung bei A dauert rd. 10 min, also rd. 0,1 bis 0,2 % der Entladezeit

5.3 Trockenzellen mit organischen Depolarisatoren

Dieser Zellentyp wird in geringem Umfang für die US-Streitkräfte gefertigt.

Negative Elektrode:	Magnesium-Legierung AZ 10a mit Chromat-Passivierung
Elektrolyt:	$MgBr_2$, gelöst in Wasser
Positive Elektrode:	p-Dinitrobenzol mit etwa 10 % Ruß als Leitmittel

Charakteristische Zellreaktion:

$$6\,Mg + C_6H_4(NO_2)_2 + 2\,H_2O \longrightarrow 6\,MgO + C_6H_4(NH_2)_2$$

Gemessene unbelastete Spannung: 1,6 V

Klemmenspannung: 1,4 V } bei 100stündiger Entladung
Energieinhalt: 100 Wh/kg }

Die Lagerfähigkeit der Zellen ist gut, auch bei erhöhten Temperaturen. Sie können etwa ebenso belastet werden wie normale Trockenzellen, sind aber leichter.

5.4 Trockenzellen mit festen Elektrolyten

Es gibt folgende Typen von festen Elektrolyten:

Wachs- oder Kunststoff-Elektrolyte

Dabei handelt es sich um Kunstwachse, z.B. das ®IG-Wachs N, in die Elektrolytsalze und Wasser eingearbeitet werden. Dadurch entstehen zähe Pasten mit einer gewissen elektrolytischen Leitfähigkeit. Sie werden für reine Spannungsbatterien verwendet, z.B. für Ionisationskammern, Elektrometer, sowie als Referenzspannung.

Vorteil: minimale Selbstentladung.

Nachteile: nur wenig belastbar, Energieinhalt niedrig.

Feuchte Ionenaustauscher-Membranen

Solche Membranen sind bisher nur in Brennstoffzellen (General Electric, Zellen für die Raumflüge der Gemini-Serie) verwendet worden. Für Primärzellen bieten sie keine Vorteile.

Li/LiI/Iod-Zellen

Diese Zellen sind vor allem durch die Arbeiten von Greatbatch [47,48] bekanntgeworden. Als negative Elektrode dient metallisches Lithium, als positive Elektrode Iod an einem geeigneten Träger, z.B. an Perylen ($C_{20}H_{12}$). Beide Elektroden berühren sich. Dadurch entsteht zwischen ihnen ein dünner Film von LiCl, einem Isolator für Elektronen und einem schlechten Leiter für Li^+-Ionen. Die geringe Ionenleitung reicht aber für eine langsame Entladung (in Jahren) aus. Die Zellen werden in implantierten Herzschrittmachern verwendet, wo sie fünf Jahre oder noch länger zufriedenstellend arbeiten. Die Selbstentladung ist sehr klein, die Zuverlässigkeit sehr hoch.

Festkörper-Elektrolyte vom Typ $RbAg_4I_5$

An Zellen mit diesem und anderen Festelektrolyten wird gearbeitet. Auch sie werden mit Lithium und Iod kombiniert. Die Belastbarkeit ist etwas höher als bei den Zellen mit LiI. $RbAg_4I_5$ zersetzt sich aber unterhalb der Zimmertemperatur irreversibel und verliert dann seine Leitfähigkeit. Zur Zeit werden viele neue Festkörper-Elektrolyte gefunden, von denen sich sicher der eine oder andere für Batterien eignet. Sie leiten aber alle bei Zimmertemperatur nur mäßig. Das könnte, wie H. Rickert [51] plausibel gezeigt hat, eine theoretische, d.h. unübersteigbare Grenze sein. Dann werden Zellen mit Festelektrolyten bei Zimmertemperatur auf niedrige Belastung, z.B. Entladung in einem Jahr, beschränkt bleiben. Anwendungsfälle dieser Art gibt es; sie können aber meist von anderen Zellenarten ohne Schwierigkeiten mitbedient werden.

Keramische Festelektrolyte [20]

Sie arbeiten nur bei erhöhten Temperaturen. Elektrolyte auf der Basis von β-Al_2O_3 verwendet man in Natrium/Schwefel-Akkumulatoren (vgl. den nächsten Abschnitt). Ihre Betriebstemperatur liegt bei 300 bis 350°C. Keramische Elektrolyte auf der Basis der Nernst-Masse (ZrO_2 mit 15 % Y_2O_3) sind die Basis für die Entwicklung von Hochtemperatur-Brennstoffzellen im Temperaturbereich von 1000°C.

Durch die Arbeiten von H. Buff weiß man bereits seit Mitte des neunzehnten Jahrhunderts, daß erwärmte Gläser als Elektrolyt in elektrochemischen Stromquellen dienen können. Diese Erfahrung ist neuerdings wieder aufgegriffen worden [21]. Gläser in den Systemen $AgI\text{-}Ag_2O\text{-}MoO_3$ und $AgI\text{-}Ag_3PO_4$ zeigen schon bei Zimmertemperatur ausreichende Ionenleitung, etwa 0,01 $Ohm^{-1} \cdot cm^{-1}$. Allerdings sind sie nicht sehr beständig.

Auch eine Reihe von Salzen, z.B. Natriumcarbonat, Kupferhalogenide, Silberchlorid und Bleiiodid, leiten bereits unterhalb ihres Schmelzpunktes elektrolytisch. Außerdem gibt es einige komplizierte Mischungen, z.B. Monazitsand (u.a. Cer-Phosphat) gemischt mit Wolframtrioxid und Ton, die elektrolytisch leiten. Sie haben nur wissenschaftliches Interesse. In poröse Matrizes aufgesogene, durch Einrühren feindisperser Verdicker oder mit Quellstoffen gebundene flüssige Elektrolyte rechnet man nicht zu den festen Elektrolyten. Man bezeichnet sie als festgelegt oder geliert.

5.5 Aktivierbare Zellen

Einige Hochenergie-Systeme haben eine Lagerfähigkeit, die für die Praxis zu niedrig ist. Diese Zellen werden erst kurz vor der Verwendung *aktiviert*. Das bekannteste Verfahren zum Aktivieren ist das Einfüllen von Elektrolyt.

Füllelemente

Mg/Seewasser/AgCl: Notlicht an Schwimmwesten und Schlauchbooten in Flugzeugen

Mg/Salzwasser/Cu_2Cl_2: für Wetterballons

Zn/Kalilauge/Ag_2O_2: für Raketen

Zn oder Cd/Schwefelsäure/PbO_2: für militärische Zwecke, hoch belastbar, auch in der Kälte.

Das Einfüllen des Elektrolyten kann durch Gasdruck automatisch erfolgen.

Eine besondere Art von Füllelementen sind die *gas-aktivierten* Zellen. Bei ihnen bildet sich aus dem in der Zelle vorhandenen wasserfreien Elektrolytsalz, etwa Kaliumrhodanid, durch Einblasen von trockenem Ammoniak-Gas ein flüssiger Elektrolyt. Sein Dampfdruck ist so niedrig, daß in der Verwendungszeit nur wenig Ammoniak abdampft. Als Elektroden verwendet man z.B. Magnesium und meta-Dinitrobenzol, gemischt mit Graphit. In der letzten Zeit sind auch Zellen entwickelt worden, die nicht mit gasförmigem, sondern mit flüssigem Ammoniak aktiviert werden.

Thermisch aktivierbare Zellen (Thermalbatterien) enthalten als Elektrolyten ein festes Salz, z.B. das Eutektikum aus KCl und LiCl, das bei 350°C schmilzt. Zum Aktivieren wird ein pyrotechnischer Brandsatz gezündet. Die Batterien sind in Bruchteilen einer Sekunde bereit, hohe Last zu übernehmen, werden aber nach wenigen Minuten funktionsunfähig. Als negative Elektrode wird u.a. Calcium verwendet, als positive Elektrode Zinkchromat oder Wolframtrioxid.

5.6 Sonstige Hochenergie-Primärzellen

Es gibt eine Reihe von Zellenkonstruktionen, die ungewöhnliche Stoffe in den Elektroden haben:

in den negativen Elektroden Hydrazin, Formiate, Ester, Borhydride, Lithiumhydrid, seltene Metalle wie Indium, Gallium oder Wismut,

in den positiven Elektroden Hydroperoxid, Persalze, Metalle in anomal hohen Wertigkeitsstufen, wie Cuprate(IV) oder Ferrate(VI), Blutfarbstoff, Chlorophyll,

im Elektrolyten Lösungsvermittler, Kohlenwasserstoffe, Enzyme, ungesättigte Fettsäuren, Blutserum und Blutersatzstoffe, Urin.

Fast immer sind Zellen mit diesen ungewöhnlichen Stoffen im Labor durchaus funktionsfähig, wenn auch vielfach über nicht erkannte Nebenreaktionen. Sie sind meist sogar patentfähig bzw. bereits patentiert. Keines dieser Systeme ist aber bisher zur technischen Reife gebracht worden.

6 Hochenergie-Akkumulatoren

Besonders durch die Bestrebungen zur Erhöhung der Energiedichte, ausgelöst einerseits durch die Raumfahrt, andererseits durch das Batterie-Auto, ist die Entwicklung von Hochenergie-Akkumulatoren stark gefördert worden. Später sind zwei weitere Motive hinzugekommen: Lastausgleich und Erzeugungsausgleich im Netz. Große, langlebige und billige Batterien könnten das Spektrum der Maßnahmen zum Lastausgleich in den öffentlichen Versorgungsnetzen ergänzen. Zielvorstellungen sind dabei 100 MWh, zehn Jahre und 100 DM/kWh Speicherkapazität. Es kann sich dabei nur um örtlich begrenzte, verbrauchernah angesiedelte Maßnahmen handeln, z.B. in Siedlungen, Gehöften usw. Batterien eignen sich wegen ihrer niedrigen Innenwiderstände gut zum Abfangen von Lastspitzen und erlauben deshalb eine knappe Auslegung der Leitungen zu isolierten Verbrauchergruppen.

Sollen Sonnen- und Windkraftwerke effektiv in die Energieversorgung eingebaut werden, so benötigen sie große Speicher für die Anpassung der Energiedarbietung an den Verbrauch. Diese Aufgabe wird starke Impulse auf die Entwicklung neuer Akkumulatoren ausüben. Bis heute hat sie allerdings noch nicht zu einem technisch verwertbaren Ergebnis geführt. Eine ganze Reihe von Systemen werden aber heute mit erheblichem Aufwand bearbeitet, so daß Erfolge erhofft werden dürfen. In diesem Zusammenhang ist zu erwähnen, daß in den USA eine große Batterie-Teststation für diesen Zweck errichtet werden soll, teilweise ist sie bereits in Betrieb: BEST, Battery Energy Storage Test Facility in Hillsborough Township, New Jersey. Als erste wird eine Bleibatterie mit 1,8 MWh Speichervermögen getestet (vgl. Abschn. 7.5).

6.1 Akkumulatoren mit organisch gelöstem Elektrolyten [18,19]

Diese Akkumulatoren sind ganz ähnlich gebaut wie die Primärzellen mit organisch gelösten Elektrolyten (Abschn. 5.1). Die negative Elektrode besteht aus Lithium, die positive aus Kupferchlorid, Kupferfluorid, Nickelfluorid oder Silberchlorid. Als Elektrolyt verwendet man z.B. $LiAlCl_4$ in organischen Lösungsmitteln, etwa in Dimethylsulfoxid mit Zusatz von etwas Toluol. Diese Akkumulatoren haben eine Klemmenspannung von rund 2,5 V und eine Energiedichte von rund 50 Wh/kg bei einstündiger Entladung. Die erreichbare Zyklenzahl ist begrenzt, in der Größenordnung von 10 tiefen Zyklen. Für Hochstromentladung und Schnellladen sind die Zellen nicht geeignet.

6.2 Hochtemperatur-Systeme [17,20]

Viele der heute für aussichtsreich gehaltenen Hochenergie-Akkumulatoren arbeiten bei 350 oder 500°C. Der Elektrolyt kann dabei schmelzflüssig oder fest sein.

6.2.1 Akkumulatoren mit schmelzflüssigem Elektrolyten

Vor einigen Jahren hat man in den USA ernsthaft an *Lithium/Chlor-* oder *Lithium/Schwefel-Akkumulatoren* mit geschmolzenem, wasserfreiem Lithiumchlorid als Elektrolyt gearbeitet. Die positive Elektrode bestand aus poröser gebrannter Kohle, durch die Chlor geblasen wurde. Die Zelle wurde auf einer Temperatur von 650°C gehalten. Trotz der hohen Energiedichte und trotz der hohen Belastbarkeit, die man gerade diesem System vorhersagte, sind die Arbeiten daran praktisch eingestellt worden.

Dagegen wird eine andere Zelle für aussichtsreich gehalten: *Lithium gegen Eisensulfid in einer Salzschmelze*, die in eine keramische Matrix aufgesaugt ist. Diese Zellen und einige Abarten, in denen nicht reines Lithium verwendet wird, sondern intermetallische Verbindungen zwischen Lithium und Silicium oder Aluminium, werden von den Fachleuten für aussichtsreich gehalten. Sie sind aber aus dem Versuchsstadium noch lange nicht heraus.

Ein Beispiel sind Zellen, in denen eine Schmelze aus LiCl und KCl bei 450°C als Elektrolyt dient. Die Separatoren bestehen aus Bornitrid- oder Aluminiumnitrid-Gewebe. Die Elektroden sind beide fest. Die negativen Elektroden bestehen aus den intermetallischen Verbindungen LiAl oder Li_xSi. In den positiven Elektroden verwendet man Pulver von FeS oder FeS_2. An diesen Zellen wird in den USA und in Deutschland gearbeitet. Charakteristische Werte sind:

Unbelastete Spannung:	U_o = 1,7 bzw. 1,9 V,
Energiedichte:	80 bzw. 120 Wh/kg fünfstündig,
Lebensdauer:	1000 bzw. 400 tiefe Zyklen,
Selbstentladung:	hoch, rd. 5 % pro Tag.

Die hohe Selbstentladung beruht (nach den Erfahrungen des Verfassers mit der intermetallischen Verbindung $MgZn_2$ in Trockenzellen) auf der Bildung von Lokalelementen auf den negativen Elektroden. Sie läßt sich wohl kaum verhindern.

6.2.2 *Natrium/Schwefel-Akkumulatoren*

Bei diesen Zellen wird als negative Elektrode geschmolzenes Natrium, als positive Elektrode eine Mischung von geschmolzenem Schwefel und geschmolzenen Polysulfiden verwendet. Der feste, keramische Elektrolyt besteht aus β-Aluminiumoxid; das Prinzip zeigt Abb. 37. Der Elektrolyt leitet bei 350°C mit Natrium-Ionen. Die freie Enthalpie der charakteristischen Zellreaktion liegt bei rund 650 Wh/kg. An diesem System wird in den USA, in Japan, Großbritannien und in Deutschland gearbeitet.[27]

Durch Zusammenbau von vielen kleinen rohrförmigen Zellen konnte schon 1965 in Großbritannien eine Versuchsbatterie gebaut werden, die ausreichte, um einen Lieferwagen anzutreiben.

Im Oktober 1980 hat in Heidelberg der "Sodium Sulfur Battery Workshop IV" stattgefunden, an dem acht große Entwicklungsgruppen beteiligt waren. Anfang 1981 arbeiteten weltweit etwa 330 Personen an der Entwicklung dieses Akkumulatorsystems. Rund 1000 Zellen mit Einzelkapazitäten von 100 bis 500 Ah waren auf

---

[27] Herrn Dr. F. Gross und Herrn Dr. W. Fischer von BBC Heidelberg verdankt der Autor Sonderdrucke und Hinweise auf Einzelheiten

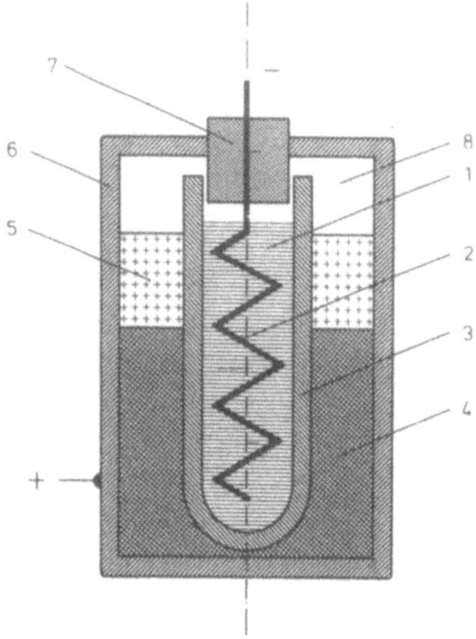

Abb. 37. Schema eines geladenen $Na/\beta\text{-}Al_2O_3/S$-Akkumulators. Arbeitstemperatur 350°C, offene Spannung theoretisch U_0 = 1,88 V. *1* Flüssiges Natrium, *2* negativer Ableiter, *3* unten geschlossenes Elektrolytrohr aus $\beta\text{-}Al_2O_3$, *4* flüssige Mischung aus Schwefel und Natriumpolysulfiden in Graphitfilz *5*, *6* Stahlgehäuse (Pluspol), *7* Isolator, *8* Inertgaspolster

den Versuchsständen. Erreicht worden sind 100 bis 150 Wh/kg bzw. 150 bis 200 Wh/l bei zweistündiger Entladung, bezogen auf die Zellen bzw. auf das umschriebene Volumen der Zellen. Bezieht man sich auf die Masse der ganzen Batterie, so liegen die Werte erheblich niedriger, etwa bei der Hälfte. Die praktisch gemessene offene Spannung ist U_0 = 2 V, die Entladung setzt dicht darunter ein und wird bis 0,75 V pro Zelle fortgesetzt. Beim Laden steigt die Spannung bis über 3,5 V.

Die Lebensdauer der Konstruktionen ist recht unterschiedlich. Sie wird mit 100 bis 1000 tiefen Zyklen angegeben. Nach wie vor sind Veränderungen und Risse die Hauptursache für die Ausfälle. Auch die Gehäusekorrosion war lange Zeit ein Problem. Inzwischen sucht man neben $\beta\text{-}Al_2O_3$, das wegen seiner Schichtenstruktur anisotrop ist und zum Brüchigwerden neigt, nach anderen keramischen Festelektrolyten. Ein Beispiel ist Nasicon, ein kompliziertes Natriumphosphat/Silicat/Zirkonat, etwa $Na_3PO_4 \cdot 2\,SiO_2 \cdot ZrO_2$.

Neben den Batterie-Autos können möglicherweise auch große Batterien für den lokalen Lastausgleich im Stromversorgungsnetz eine künftige Anwendung dieser Zellen sein [25]. Die Serienfertigung des Elektrolyten und die Wärmeisolation sind Probleme, die noch gelöst werden müssen.

Tabelle 27. Überblick über die Metall/Luft-Akkumulatoren, z.T. nach [23]

Negative Elektrode	Elektrolyt	Poröse positive Luft-Elektrode	Klemmenspannung beim Entladen und Laden[a] (V)	Bemerkungen, Entwicklungsstand
Zink	Kalilauge	Nickel oder Kohle mit anorgan. Katalysator	1,2/1,7	Elektrolyt-Umlauf erforderlich; begrenzte Zyklen-Lebensdauer; Arbeiten ruhen z.Zt.
Eisen	Kalilauge	wie oben	0,8/1,4	unter 0°C unbrauchbar; Übergang von der Forschung zur Entwicklung
Blei	Schwefelsäure	Kohle mit organischem Katalysator	1,1/1,8	geringe Zyklen-Lebensdauer; Beginn der Forschung

[a]Geschätzt für etwa fünfstündigen Entladestrom

6.3 Metall/Luft-Akkumulatoren [23]

Tabelle 27 gibt einen Überblick über die Metall/Luft-Akkumulatoren, die zur Zeit im Gespräch sind. An *Zink/Luft-Akkumulatoren* ist mehrere Jahre in den USA, in Großbritannien, in Frankreich und in der Bundesrepublik Deutschland gearbeitet worden. Einheiten bis etwa 15 kWh bei dreistündiger Entladung sind erprobt worden. Ihre Energiedichte lag bei mehr als 100 Wh/kg bei dreistündiger Entladung; die Belastbarkeit hätte z.B. für den Fahrbetrieb ausgereicht [23].

Die negative Elektrode besteht aus Zink auf einem Träger aus Nickel, die positive Elektrode aus porösem, gesintertem Nickel oder aus poröser, gebrannter Kohle. Als Katalysator für die positive Elektrode kommen u.a. hochdisperses Silber oder Oxid-Katalysatoren (Al/Co-Spinelle) in Frage. Als Elektrolyt verwendet man Kalilauge; die Arbeitstemperatur liegt bei 50°C. Das Zink geht bei der Entladung als Tetrahydroxo-zinkat in Lösung und wird beim Laden wieder abgeschieden. Die Lauge kann aber nur beschränkt Zink aufnehmen. Deshalb nutzt man die Übersättigung aus und wälzt die Lauge um. In einem Abscheidungsgefäß mit rauhen Absitzflächen wird die Übersättigung aufgehoben und das Zink fällt als ε-$Zn(OH)_2$ aus. Man kann es in einem Filter auffangen. Wenn dann beim Laden Zink benötigt wird, löst die Lauge den Niederschlag nach und nach wieder auf.

Durch die positive Elektrode wird Luft unter geringem Überdruck geblasen. Der Sauerstoff wird zu OH^--Ionen reduziert, der Stickstoff perlt in den Elektrolyten und wird abgeblasen. Wichtig ist, daß die Luft CO_2-frei gemacht wird. Sonst bilden sich in der Lauge Carbonate, die den Prozeß stören. Man arbeitet mit Luftüberschuß, muß aber darauf achten, daß die Abluft nicht zu viel Wasser mitnimmt. Beim Laden entsteht an der positiven Elektrode Sauerstoff, der in den Elektrolyten perlt und später abgeblasen wird.

Inzwischen hat sich gezeigt, daß der komplizierte Laugeumlauf die Anlagen aufwendig und störanfällig macht. Das Zinkhydroxid altert unter Wasserabgabe und löst sich dann nur noch langsam auf. Beim Laden entstehen Zink-Dendrite, die Kurzschlüsse verursachen. Schließlich wird der Katalysator in den positiven Elektroden stark angegriffen. Die Zink/Luft-Akkumulatoren sind immer noch wesentlich zu teuer und haben eine geringe Lebensdauer [23].

Eisen/Luft-Akkumulatoren sind besonders in Schweden und in der Bundesrepublik Deutschland untersucht worden. In der letzten Zeit ist nichts wesentlich Neues darüber mehr bekanntgeworden. Vor allem über die Kosten dieses Systems weiß man kaum etwas. Generell hätte man hier mechanisch robuste, stark belastbare Zellen vor sich gehabt, die bei fünfstündiger Entladung einen Energieinhalt von rd. 50 Wh/kg erreicht haben dürften; allerdings sind sie nicht fertigungsreif entwickelt worden. Der Hauptgrund dürfte in den hohen Kosten zu sehen sein, obwohl andererseits in den USA immer wieder Stimmen laut geworden sind, die gerade diese Akkumulatoren für besonders wirtschaftlich halten.

Die negative Elektrode ähnelt den Eisenelektroden in Stahlakkumulatoren. Neben den klassischen Taschenplatten sind aber eine Reihe neuartiger Konstruktionen im Gespräch, die wesentlich leichter sind. Die Lebensdauer der Eisen-Elektroden dürfte bei mehreren tausend tiefen Lade/Entlade-Zyklen liegen. Die positive Elektrode ist ähnlich gebaut wie bei den Zink/Luft-Akkumulatoren. Man hofft, mit geeigneten silber-freien Katalysatoren eine ausreichende Lebensdauer zu erreichen. Die eingeblasene Luft muß CO_2-frei sein.

Es gibt grundsätzliche Zweifel daran, ob der Eisen/Luft-Akkumulator tatsächlich ein Fortschritt ist. Die Gewichtsbilanz des Eisen/Nickel-Akkumulators enthält verhältnismäßig schwere positive Elektroden. Das gilt für Röhrchenplatten ebenso wie für Sinterplatten. Man kann sich Luft-Elektroden vorstellen, die leichter sind. Maximal kann man, nämlich wenn man die positiven Elektroden gewichtslos ansetzt, bei gleicher Ah-Kapazität 20 % des Zellengewichtes einsparen. Andererseits liegt die Klemmenspannung des Eisen/Luft-Akkumulators nur bei 0,9 V, also um fast 30 % niedriger als beim Eisen/Nickel-Akkumulator. Die Gewichtseinsparung wird also durch den Spannungsverlust mehr als aufgezehrt.

Tatsächlich konnte der Energieinhalt aber erhöht werden. Das liegt an Verbesserungen der negativen Elektrode, an einer Einsparung an Lauge und an leichteren Zellgefäßen. Aber das käme ja dem Eisen/Nickel-Akkumulator ebenso zugute. Es sind verbesserte Konstruktionen von Fe/Ni-Akkumulatoren bekanntgeworden, die bei fünfstündiger Entladung bis zu 50 Wh/kg hatten.

Eisen-Elektroden arbeiten unterhalb des Gefrierpunktes nicht mehr und eignen sich nicht für Parallelbetrieb von Batterie und Generator. Aus diesem Grunde verwendet man im Stahlakkumulator Cadmium statt Eisen. Dieser Weg steht möglicherweise auch für einen Cadmium/Luft-Akkumulator offen. Darüber ist aber bisher nichts bekannt.

Die Arbeiten an *Blei/Luft-Akkumulatoren* sind nur zögernd aufgenommen worden. Das Problem dieser Zellen ist, daß es keine Katalysatoren für die Luftelektrode gibt, die beim Laden beständig gegen den gleichzeitigen Angriff von Schwefelsäure und Sauerstoff sind. Bisher kennt man nur einige Platin-Katalysatoren und bestimmte organische Porphyrin-Abkömmlinge. Aber auch sie werden nach wenigen Zyklen unwirksam.

6.4 Sonstige Hochenergie-Akkumulatoren

6.4.1 Der Zink/Nickel-Akkumulator (Drumm-Akkumulator) [24]

Dieses System wird zu den Hochenergie-Akkumulatoren gerechnet. Man verwendet als positive Elektroden die gleichen wie in Stahlakkumulatoren. Als wirksamen Stoff enthalten sie Nickelhydroxid. Das Nickel ist in den geladenen Elektroden annähernd dreiwertig, in den entladenen annähernd zweiwertig. Als negative Elektroden verwendet man die gleichen wie in den Silber/Zink-Akkumulatoren. Sie enthalten Zink-Schwamm, der beim Entladen zunächst in Lösung geht, aber wegen der hohen Zink-Konzentration sogleich wieder ausfällt. Der Elektrolyt besteht aus mit Zink gesättigter 38%iger Kalilauge, aufgesaugt in ®Cellophan-Schichten oder anderen Separatoren. Die Eigenschaften sind in Tabelle 28 zusammengestellt. Die Zellen bilden ein Mittelding zwischen den Silber/Zink- und den Stahl-Akkumulatoren. Sie sind ziemlich robust, lassen sich hoch belasten, kosten ungefähr das gleiche wie Cd/Ni-Akkumulatoren und haben einen Energieinhalt von rund 60 Wh/kg bei fünf-

Tabelle 28. Eigenschaften von Zink/Nickel-Akkumulatoren, nach [17] und [24]

Theoretische Energiedichte	320 Wh/kg
Theoretische unbelastete Spannung	1,706 V
Gemessene unbelastete Spannung	
unmittelbar nach dem Laden	bis 1,9 V
nach einigen Stunden	1,70 V

Entladerate	mittlere Spannung (V)	Energie-dichte (Wh/kg)	Lebensdauer bei 70 % Entladetiefe (Zyklen)
5stündig	1,62	50	140 bis 185
1stündig	1,57	48	100 bis 125
15minütig	1,50	44	20 bis 25
7minütig	1,40	38	etwa 10

Selbstentladung bei 20°C	etwa 40 % in 6 Monaten
Ladefaktor	etwa 1,1

Die Ladespannung steigt zunächst langsam auf 2,0 V, später steil bis 2,5 V.

Ladungserhaltung bei 1,90 V möglich

stündiger Entladung. Andererseits liegt ihre Lebensdauer nur bei etwa 100 bis 200 tiefen Zyklen. Zellen dieser Art sind schon in den dreißiger Jahren fabriziert worden, zur Zeit aber nicht auf dem Markt. Einige Laboratorien haben die Entwicklung wieder aufgenommen, z.B. in Polen.

6.4.2 Der Zink/Chlor-Akkumulator

Schon während des Krieges sind in Bitterfeld Versuche unternommen worden, um Akkumulatoren mit Magnesium oder Zink als negativer und Chlor-Gas als positiver Elektrode zu entwickeln. Damals ist man an drei Schwierigkeiten gescheitert:

Das Chlor mußte unter Druck gespeichert werden,

die inerten Graphit-Elektroden quollen im Betrieb durch interstitiellen Einbau von Chlor, und

die Metalle ließen sich nicht in glatter Schicht abscheiden.

Inzwischen hat man gelernt, das Chlor als Oktohydrat $Cl_2 \cdot 8\,H_2O$ ohne Überdruck zu speichern. Allerdings zersetzt es sich bei 9,8°C. Man muß den Chlor-Behälter also kühlen. Aber das bietet vor allem bei großen Anlagen keine unüberwindbaren Schwierigkeiten. Die Technologie der inerten Elektroden ist so weit fortgeschritten, daß man die Chlor-Elektrode sowohl mit Graphit als auch mit Titan verwirklichen kann.

Die glatte Abscheidung von Zink bereitet nach wie vor große Schwierigkeiten. Man hofft, durch Umwälzen des Elektrolyten, einer Lösung von $ZnCl_2$ in Wasser zu einer für die Praxis brauchbaren Konstruktion zu kommen. Durch Chlor, das sich im Elektrolyten löst, tritt erhebliche Selbstentladung auf. Die Akkumulatoren dürfen nicht geladen stehen. Sie eignen sich nur für stromstarke Entladungen. Da konzentrierte $ZnCl_2$-Lösungen nicht besonders gut leiten, muß der Elektrodenabstand unter 1 mm gehalten werden. In den USA hergestellte Prototypen mit einem Speichervermögen von 50 kWh sollen 500 tiefe Zyklen durchgestanden haben. Allerdings sind die Prototypen weder leichter noch kleiner als herkömmliche Akkumulatoren.

6.4.3 Redox-Akkumulatoren

Das Prinzip, zwei inerten Elektroden eine stark reduzierende und eine stark oxidierende Lösung zuzuführen, stammt von W. Kangro. Er hat etwa ab 1946 in Braunschweig daran gearbeitet. Das Verfahren ist 1974 in der Schweiz wieder aufgegriffen und dann in den USA weiterverfolgt worden. Heute verwendet man Lösungen von Chrom- und Eisenchlorid, die beim Entladen und Laden abwechselnd reduziert und oxidiert werden. Man benötigt relativ kleine Elektroden, die mit sehr großen Flüssigkeitsbehältern gekoppelt werden können. Auch diese Zellen sind, obwohl im Prinzip seit 35 Jahren bekannt, aus dem Laborstadium noch nicht heraus. Berichtet worden ist über Zellen mit einer Kapazität von 120 Ah bei fünfstündiger Entladung, die 20 tiefe Zyklen durchgestanden haben. Das Prinzip zeigt Abb. 38.

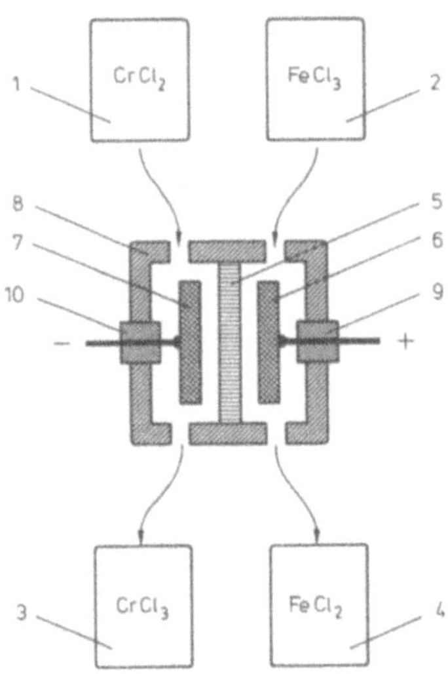

Abb. 38. Schema des Redox-Akkumulators, Pumpen nicht gezeichnet. Umgebungstemperatur, offene Spannung theoretisch rd. 1,18 V. *1* bis *4* vier Lösungsbehälter. In der geladenen Anlage sind *1* und *2* gefüllt, *3* und *4* annähernd leer. *5* Selektiv sperrende, für Anionen durchlässige Membran, *6* und *7* inerte, poröse Elektroden, z.B. aus Graphitfilz, *8* Zellgehäuse, *9* und *10* Isolatoren

6.4.4 Blei- und Mangan-Lösungsakkumulatoren

Im üblichen Bleiakkumulator wird beim Laden zweiwertiges Blei an der negativen Elektrode in elementares Blei reduziert, an der positiven Elektrode zu vierwertigem oxidiert. Sowohl die geladenen (Pb, PbO_2) als auch die entladenen Elektroden ($PbSO_4$) sind unlöslich. Dadurch wird die Ausnutzung begrenzt. Nach [26] kann man mit einer wesentlichen Verbesserung der Ausbeute rechnen, wenn man beim Entladen nicht eine feste Blei-Verbindung entstehen läßt, sondern eine Lösung von z.B. $Pb(ClO_4)_2$ in Perchlorsäure oder von Bleisilicofluorid, $PbSiF_6$, in der entsprechenden Säure. Beim Laden schlägt sich an der negativen Elektrode Blei-Schwamm, an der positiven Bleidioxid nieder. Der Elektrolyt verarmt an Blei, Säure wird frei.

Ähnliche Reaktionen sind grundsätzlich auch mit Mangan möglich. Wenn man etwa eine Lösung von Mangansulfat ($MnSO_4$) zwischen inerten Elektroden elektrolysiert, so scheidet sich an der negativen Elektrode metallisches Mangan ab, an der positiven γ-MnO_2. Eine Mn/MnO_2-Zelle läßt sich ohne weiteres entladen, aber die Schwierigkeiten sind hier doch erheblich. Während man nämlich Pb und PbO_2 aus der gleichen Lösung abscheiden kann, ist das beim Mangan kaum möglich. Mangan ist so unedel, daß es bestenfalls in ganz schwach saurer Lösung, etwa bis zum pH-Wert 5, beständig ist. Im sauren Medium löst es sich unter Wasserstoff-Entwicklung schnell auf. Andererseits gelingt die anodische Oxidation zu MnO_2 nur in stark sauren Lösungen, etwa bei pH = 1. Andernfalls liegen die Potentiale so ungünstig, daß überwiegend Sauerstoff abgeschieden wird. Der Mangan-Akkumulator läßt sich nur verwirklichen, wenn man die beiden Elektrodenräume auf unterschiedlichem pH-Wert halten kann. Das ist mit Hilfe von semipermeablen Membranen zwar im Prinzip denkbar, in der Praxis bisher aber nicht gelungen.

Der Blei-Lösungsakkumulator dagegen hat reelle Aussichten auf technische Verwirklichung, wenn es gelingt, die restlichen Teilprobleme zu lösen. Insbesondere besteht die Gefahr, daß die beiden Elektrodenreaktionen mit unterschiedlicher Ausbeute bzw. Gasentwicklung ablaufen. Dadurch fallen sie "außer Tritt". Das macht Über- bzw. Ausgleichsladungen erforderlich, die den Betrieb erschweren. Die Blei-Lösungsakkumulatoren stehen am Beginn der Prototyp-Entwicklung.

6.4.5 Wasserstoff-Akkumulatoren

Cadmium und Wasserstoff haben bei atmosphärischem Druck in Lauge nahezu das gleiche Potential. Das theoretische Äquivalentgewicht von Cd ist 2,1 g/Ah, das von Wasserstoff 0,037 g/Ah. Cadmium ist selten, teuer und giftig. Die vordergründige Hoffnung, es durch Wasserstoff ersetzen zu können, hat sich als Trugschluß erwiesen. Zwar hat man in den USA und in Deutschland Prototypen herstellen können, doch sie haben gravierende Nachteile; Abb. 39 zeigt das Prinzip.

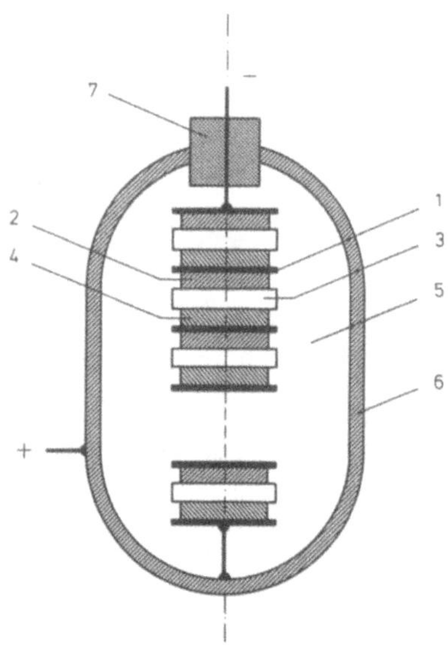

Abb. 39. Wasserstoff/KOH-Nickel-Akkumulator, schematisch. Arbeitstemperatur -20 bis +80°C, offene Spannung U_0 = 1,37 V bei 10 MPa. *1* Trennbleche, *2* porös gesintertes Nickel mit Katalysator, *3* Kalilauge in Kunststoff-Vlies, *4* Nickelhydroxid-Elektroden, *5* Wasserstoff unter Druck, *6* Druckgefäß aus Stahl, *7* Isolator

In einem Druckgefäß sind die Zellen angeordnet, schematisch als einfache, offene Plattenzellen gezeichnet. Die positive Elektrode kann man aus dem klassischen Cd/Ni-Akkumulator entlehnen. Sie besteht aus Nickelhydroxid und Leitmaterial z.B. in perforierten Stahltaschen. Die negative Elektrode ist eine Gasdiffusions-Elektrode für Wasserstoff. Entsprechende Konstruktionen kennt man aus den Brennstoffzellen. Der Elektrolyt ist Kalilauge, aufgesaugt in saugfähige Separatoren.

Beim Laden entsteht an der negativen Elektrode Wasserstoff, der im Zellgefäß selbst oder aber in einem Außenbehälter unter Druck gespeichert wird. Gleichzeitig wird die positive Elektrode geladen. Schaltet man die Entladung nicht rechtzeitig ab, so entsteht dort Sauerstoff. Der vom gasdichten Cd/Ni-Akkumulator her bekannte Sauerstoff-Verzehr an der negativen Elektrode arbeitet auch hier. Man muß aber vorsichtig dimensionieren, damit die Explosionsgrenze nicht überschritten wird und keine lokalen Überhitzungen auftreten.

Jede Zelle muß mit dem Wasserstoff-Raum verbunden sein. Die bekannte Kriechneigung der Lauge führt zu leitenden Verbindungen zwischen den Elektrolyträumen benachbarter Zellen. Wahrscheinlich sind diese Elektrolytbrücken die Hauptursache für die hohe Selbstentladung von rd. 5 % pro Tag bei Zimmertemperatur. Mit größeren Einheiten dürften sich 50 Wh/kg (5stündig) bzw. 40 Wh/kg (1stündig) erreichen lassen. Die Zellen sind relativ teuer, etwa wie Cd/Ni-Akkumulatoren mit Sinter-Elektroden. Nimmt man die hohe Selbstentladung und die latente Explosionsgefahr hinzu, so kommt man zu keiner optimistischen Prognose.

7 Brennstoffzellen

Brennstoffzellen sind elektrochemische Stromquellen, denen die reagierenden Stoffe während der Stromlieferung dauernd zugeführt werden. Die entstehenden Reaktionsprodukte müssen entfernt werden. Abgesehen von der natürlichen Alterung ändern sich die Zellen dabei nicht. Durch die Entkoppelung von Energievorrat und Elektrizitätserzeuger wird in vielen Fällen die gewichts- oder volumenspezifische Energiedichte höher als bei anderen Batterien. Heute realisierbare Anlagen, denen Wasserstoff und Sauerstoff aus Druckflaschen zugeführt wird, sind leichter als Akkumulatoren mit gleichem Energieinhalt, wenn der Abstand zwischen zwei Ladungen bzw. zwei Flaschenwechseln länger als rund fünf Stunden ist.

Vorteile: wartungsarm, langlebig, umweltfreundlich, abgasfrei, geräuscharm, schon bei kleinen Einheiten relativ hoher Wirkungsgrad, günstiges Teillast-Verhalten.

Nachteile: komplizierte Prozeßführung, Probleme beim Elektrolytwechsel, hohe Investitionskosten.

7.1 Thermodynamik der Brennstoffzellen [30]

In Brennstoffzellen wird die freie Enthalpie ΔG von Verbrennungsreaktionen in elektrische Energie umgewandelt. Davon gehen noch ab die Verluste durch unerwünschte Nebenreaktionen, durch Elektrodenhemmung (Polarisation) und Innenwiderstand, sowie schließlich Gasverluste und Eigenverbrauch. Für einige typische Reaktionen sind in Tabelle 29 Werte für den auf ein Mol bezogenen

Tabelle 29. Heizwert pro Mol Brennstoff, freie Enthalpie, theoretische unbelastete Spannung U_G und Temperaturkoeffizient dU_G/dT einiger charakteristischer Zellreaktionen in Brennstoffzellen. 1 Wh ≙ 3600 Ws ≙ 0,860 kcal. Zellen, bei denen $\Delta G/\Delta H > 1$ ist, arbeiten als Wärmepumpen und entziehen der Umgebung Wärme. Druck zu 1 bar angenommen (vgl. Abschn. 4.9)

Zellreaktion	Temperatur (K)	Heizwert ΔH (Wh/Mol)	freie Enthalpie ΔG (Wh/Mol)	$\frac{\Delta G}{\Delta H} = \eta^*_{th}$	U_G (V)	dU_G/dT (mV/°C)
$C + 1/2\,O_2 \longrightarrow CO$	1250	31,3[a]	62,0[a]	1,98	1,156	0,56
$CO + 1/2\,O_2 \longrightarrow CO_2$	1250	78,8	48,1	0,61	0,898	-0,46
$C + O_2 \longrightarrow CO_2$	1250	110,1	110,1	1,00	1,027	0
$H_2 + 1/2\,O_2 \longrightarrow H_2O$ (flüssig)	298	79,3	65,8	0,83	1,228	-0,84
$CH_4 + 2\,O_2 \longrightarrow CO_2 + 2\,H_2O$ (fl.)	298	123,5	113,6	0,92	1,060	-0,31
C_6H_6 (fl.) $+ 7\,1/2\,O_2 \longrightarrow 6\,CO_2 + 3\,H_2O$ (fl.)	298	908	880	0,97	1,095	-0,11
CH_3OH (fl.) $+ 3/2\,O_2 \longrightarrow CO_2 + 2\,H_2O$ (fl.)	298	201,4	195,4	0,97	1,215	-0,13

[a] ΔH und ΔG sind jeweils auf 1 Mol Brennstoff bezogen

Heizwert ΔH und die freie Enthalpie ΔG sowie das Verhältnis $\Delta G/\Delta H$ und die aus ΔG berechnete theoretische unbelastete Spannung U_G der Zelle angegeben.

Zellen, bei denen $\Delta G/\Delta H > 1$ ist, arbeiten als Wärmepumpen und entziehen der Umgebung Wärme. Tabelle 29 sagt nichts darüber aus, ob sich die Reaktion verwirklichen läßt. Auch der Einfluß von Nebenreaktionen kann recht erheblich sein. So drückt die parasitäre Erzeugung von Hydroperoxid die unbelastete Spannung von Wasserstoff/Sauerstoff-Zellen weit unter den theoretischen Wert, bei Zimmertemperatur z.B. von $U_G = 1{,}228$ V auf gemessene Werte von $U_0 = 0{,}95$ V. Die Tabelle 29 gilt für 1 bar; die Druckabhängigkeit muß für jede Elektrode getrennt berechnet werden. Sie beträgt für die ideale Sauerstoff-Elektrode bei 293 K etwa + 15 mV pro Zehnerpotenz Drucksteigerung, für die Wasserstoff-Elektrode bei 293 K etwa + 29 mV. Beide gehen in die gleiche Richtung, so daß also die theoretische unbelastete Spannung der Wasserstoff/Sauerstoff-Zelle pro Zehnerpotenz Druckerhöhung um 14 mV abnimmt.

In der Literatur sind verschiedene Definitionen für den *Wirkungsgrad* in Gebrauch, die oft Anlaß zu Mißverständnissen sind (vgl. Abschn. 4.9). Für eine bestimmte Anlage, die mit Wasserstoff und Sauerstoff bei 0,2 MPa Überdruck (rd. 2 atü) gespeist worden ist und Kalilauge der Dichte $1{,}24\ g/cm^3$ als Elektrolyt hatte (vgl. das Schema in Abb. 40), ergaben sich folgende Zahlen für den Wirkungsgrad:

der theoretische Grenzwert $g^*_{therm} = \Delta G/\Delta H = 82\ \%$,

die Güteziffer der Klemmenspannung $g^* = U_k/U_G = 61\ \%$,

U_k: Klemmenspannung, $U_k = 0{,}75$ V bei Nennlast,

$U_G = \Delta G/2\mathfrak{F} = 1{,}23$ V,

der Gesamtwirkungsgrad $\eta^*_{ges} = 2\mathfrak{F} U_k \varepsilon^*/\Delta H = 45\ \%$,

mit der Stromausbeute $\varepsilon^* = 88\ \%$.

Man erhält also je nach Definition Zahlen zwischen 45 und 88 %. Die eindeutige Definition der angegebenen Größe ist unbedingt erforderlich. Die Zahlen hängen außerdem von der Belastung ab, sowie von anderen Faktoren, beispielsweise von der Laugetemperatur und vom Alter der Zellen.

Fragt man sich etwa, ob man Brennstoffzellen an Stelle eines

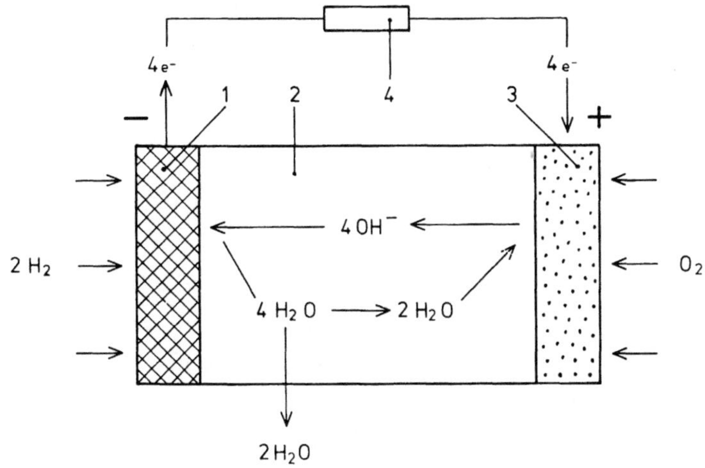

Abb. 40. Schematische Darstellung einer Brennstoffzelle mit stark alkalischem Elektrolyten, die mit Wasserstoff und Sauerstoff gespeist wird. Nicht gezeichnet ist die parasitäre Bildung von Hydroperoxid an der positiven Elektrode und der Anteil der Alkali-Ionen am Stromtransport. *1* Negative Elektrode, *2* Elektrolyt, *3* positive Elektrode, *4* Verbraucher

Dieselaggregates verwenden will, so ist der Wirkungsgrad nur eines der Entscheidungskriterien. Oft kann man z.B. mit kleineren Brennstoffzellen auskommen, weil ihre Zuverlässigkeit höher ist.

7.2 Begriffsbestimmungen

Für Brennstoffzellen gibt es noch keine Begriffs-Normung. Es empfiehlt sich aber, einige Begriffe zu definieren.

Zellen sind die kleinsten zur Stromerzeugung brauchbaren Einheiten. Sie enthalten mindestens je eine positive und negative Elektrode und mindestens einen Elektrolytraum. Mehrere Zellen können elektrisch zu einer *Zellengruppe* zusammengeschaltet werden. Wenn sie gleichzeitig auch mechanisch zusammengebaut sind, nennt man sie auch *Zellenblock* oder *Modul*.

Batterie ist die Gesamtheit aller an der Stromerzeugung beteiligten Zellen. Sie kann mehrere Zellengruppen umfassen.

Aggregat ist die Bezeichnung für eine oder mehrere Batterien mit allen erforderlichen Hilfseinrichtungen: Pumpen, Wärmetauscher, Filter, Regelgeräte usw., jedoch ohne Vorratsbehälter für

Brennstoff, Oxidationsmittel, Reaktionsprodukte, Elektrolyt usw.

Anlage ist die Bezeichnung für ein Aggregat mit seinen Vorratsbehältern.

7.3 Systematik

In Brennstoffzellen im *engeren* Sinne finden *Verbrennungs*-Reaktionen statt. Tabelle 30 enthält eine Systematik der Brennstoffe. Nur Wasserstoff, Methanol, Glykol und Hydrazin lassen sich direkt umsetzen. Alle anderen Brennstoffe müssen vorher durch Reaktion mit Wasserdampf und eventuell Luft in Wasserstoff und Kohlendioxid umgewandelt werden. Feste Brennstoffe lassen sich direkt grundsätzlich nicht verarbeiten, Motoren-Kraftstoffe möglicherweise in Zellen mit festem keramischem Elektrolyten oberhalb 1000°C. Diese Zellen stehen aber in der Entwicklung in einem so frühen Stadium, daß ihre technische Realisierbarkeit noch nicht nachgewiesen ist. Hydrazin kommt wegen seines hohen Preises nur für Sonderzwecke in Betracht.

Im allgemeinen wird *Wasserstoff* aus Druckflaschen verwendet. In einer 40-Liter-Flasche ist bei 15 MPa (150 atü) Wasserstoff für 9,5 kWh gespeichert. Ihre Füllung kostet ohne Tagesgebühr in Leihflaschen rund 25 DM. Nur bei sehr großen Anlagen lohnt sich die Erzeugung von Wasserstoff durch Steam Reforming oder Partial-Oxidation von Erdgas oder Heizöl. Stets muß das CO (z.B. durch Methanisierung), oft auch das CO_2 entfernt werden (z.B. durch Ausfrieren).

Steam Reforming: $CH_4 + 2\,H_2O \longrightarrow CO_2 + 4\,H_2$,

Teiloxidation: $2\,CH_4 + O_2 \longrightarrow 2\,CO + 4\,H_2$,

Methanisierung: $CO + 3\,H_2 \longrightarrow CH_4 + H_2O$.

Die Spaltung von Ammoniak, $2\,NH_3 \longrightarrow N_2 + 3\,H_2$, ist bereits für ein schwedisches U-Boot-Projekt vorgeschlagen worden. Der Stickstoff ist zwar Ballast, stört aber die Funktion der Wasserstoff-Elektrode nicht. In der Raumfahrt verwendet man flüssigen Wasserstoff, der aber für die normale Technik zu teuer ist. 1 l = 71 g kosten einen Grundpreis von 40 DM und 6 DM pro km

Tabelle 30. Brennstoffe für Brennstoffzellen

	Primärbrennstoff	Konditionierung[a]	Sekundärbrennstoff	Bemerkungen
fest	Kohle, Holz, Grudekoks usw.	ohne	fest	nicht durchführbar
		steam reforming[b]	H_2	
fest	Metalle, Hydride, Borhydride usw.	chemische Zersetzung	H_2	
flüssig	Hydrazin-Hydrat	ohne	N_2H_4	N_2 wird abgeblasen
		katalytische Spaltung	$N_2 + 2\,H_2$	"
flüssig	Methanol	ohne	CH_3OH	CO_2-Bildung
		steam reforming[b]	H_2	
flüssig	Glykol	ohne	$C_2H_4(OH)_2$	CO_2-Bildung selten benutzt
flüssig	Motoren-Kraftstoff	ohne	H_2	
		steam reforming[b]	Kraftstoff	nur > 1000°C
gasförmig	Wasserstoff	ohne	H_2	
"	Erdgas	steam reforming[b]	H_2	
"	Kokereigas usw	$CO \longrightarrow CO_2$ shifting	H_2	
"	Ammoniak	thermische Spaltung	$N_2 + 3\,H_2$	N_2 wird abgeblasen
"	Flüssiggas	wie Erdgas	H_2	

[a] Verdampfen, Entschwefeln, Beseitigung von Katalysatorgiften, Entstauben usw. sind nicht besonders erwähnt

[b] oder ähnliche Prozesse. CO und bei alkalischem Elektrolyten CO_2 müssen entfernt werden

Lieferentfernung. Mit 1 l kann man knapp 1,5 kWh erzeugen.

Der Explosionsbereich für Mischungen von Wasserstoff und Sauerstoff bei Atmosphärendruck und Zimmertemperatur reicht von 4 bis 94 Vol.-% Wasserstoff. Mit steigender Temperatur nimmt der Explosionsbereich zu, mit steigendem Druck nimmt er bis etwa 1 MPa (10 atü) an beiden Seiten leicht ab, um dann wieder breiter zu werden. Bei Mischungen von Wasserstoff mit Luft reicht der Explosionsbereich von 4 bis 74 %.

Als Oxidationsmittel wird meist Sauerstoff verwendet. Man kann statt dessen auch Luft nehmen, setzt dadurch aber die Belastbarkeit herab. Heute haben die Zellen meist Kalilauge als Elektrolyt, die begierig Kohlendioxid aufnimmt. Dabei bildet sich Kaliumcarbonat, das die Stromerzeugung behindert. Man muß das CO_2 entfernen, z.B. durch Kalipatronen oder durch Waschen mit Triethanolamin. Das gilt, wie bereits gesagt, auch für konditionierte Brennstoffe. In Sonderfällen wird Hydroperoxid als Sauerstoff-Träger verwendet. Meist zersetzt man es außerhalb der Zelle katalytisch in Sauerstoff und Wasserdampf. Für den Allgebrauch ist Hydroperoxid zu teuer.

Eine 40-Liter-Flasche *Sauerstoff* (Druckflasche) ist bei 15 MPa (150 atü) für 19 kWh ausreichend. Ihre Füllung kostet ohne Tagesgebühr in Leihflaschen rund 45 DM. Nur bei sehr großen Anlagen lohnt sich die Herstellung von Sauerstoff durch Luftverflüssigung und fraktionierte Destillation.

Brennstoffzellen im *weiteren* Sinne können auch mit Metallen, Hydriden usw. als Brennstoff und mit beliebigen Oxidationsmitteln gespeist werden. Vorschläge in dieser Richtung sind wiederholt gemacht worden: Zinkgranulat, Magnesiumband, flüssiges Natrium-Amalgam oder Tabletten aus Lithiumhydrid als Brennstoff, Chlor oder nitrose Gase als Oxidationsmittel. Über erste Versuche im Laboratorium ist keiner dieser Vorschläge hinausgekommen.

Tabelle 31 vermittelt einen Überblick über die Systematik der verschiedenen Typen von Brennstoffzellen. Die meisten Zellen haben heute Kalilauge als Elektrolyt und werden mit Wasserstoff und Sauerstoff gespeist. Abbildung 40 zeigt das vereinfachte Schema. Der größte Teil des Stromes wird im Elektrolyten von OH^--Ionen getragen. Das Reaktionswasser entsteht deshalb bevorzugt an der Wasserstoff-Elektrode. In sauren Elektrolyten tragen H^+-Ionen den Strom, und das Wasser entsteht an der Sauerstoff-Elektrode.

Tabelle 31. Systematik der Brennstoffzellen nach dem Elektrolyten als Unterscheidungsmerkmal. Baur-Elektrolyte sind kristallwasserhaltige Stoffe definierter Zusammensetzung, die bei Zimmertemperatur fest sind, aber schon bei mäßiger Erwärmung in eine wäßrige Lösung übergehen: Beispiel $KOH \cdot 2\,H_2O$, Schmelztemperatur 143°C

Elektrolyt	Temp. (°C)	Brennstoffe	Oxidatoren
wäßrige Lösungen			
KOH	bis 90	H_2, N_2H_4, CH_3OH	O_2, Luft[a], H_2O_2
H_2SO_4, H_3PO_4	bis 150	H_2, Erdgas[b]	O_2, Luft
feuchte Ionenaustauscher-Membranen	bis 60	H_2, N_2H_4	O_2
Baur-Elektrolyte	über 143	H_2	O_2
Elektrolytschmelzen, z.B. Carbonate	rd. 500	H_2, Erdgas[b]	O_2, Luft
keramische Festelektrolyte, z.B. Nernst-Masse	rd. 1000	H_2, Erdgas	Luft

[a] frei von CO_2, [b] reformiert oder teiloxidiert

7.4 Der heutige Stand der Brennstoffzellen

Abbildung 41 zeigt den Aufbau der beiden wichtigsten Typen von Gaselektroden. Wie man erkennt, bestehen sie aus mehreren Schichten. Es sind Elektroden bekanntgeworden, bei denen bis zu sieben Schichten aus verschiedenen Pulverwerkstoffen übereinander gesintert wurden. Diese aufwendige Technik muß sich auf die Investitionskosten auswirken, und deshalb wird man in der Zukunft wahrscheinlich davon abgehen müssen. Ein Schritt auf diesem Weg könnte möglicherweise die Anwendung von Metallgeweben, Metallfilzen, eventuell auch von Streckmetall als Träger und Ableiter, sowie von Asbest- oder Kunststoff-Papier als Separatoren sein. In den Metallfilzen sind die Poren so weit, daß sie vom Gasdruck elektrolytfrei gehalten werden, in den Papierschichten sind sie so eng, daß sie sich kapillar mit Elektrolyt vollsaugen.

Alle modernen Gaselektroden enthalten Katalysatoren. Ursprünglich kam dafür ausschließlich Platin-Mohr in Betracht. Inzwischen

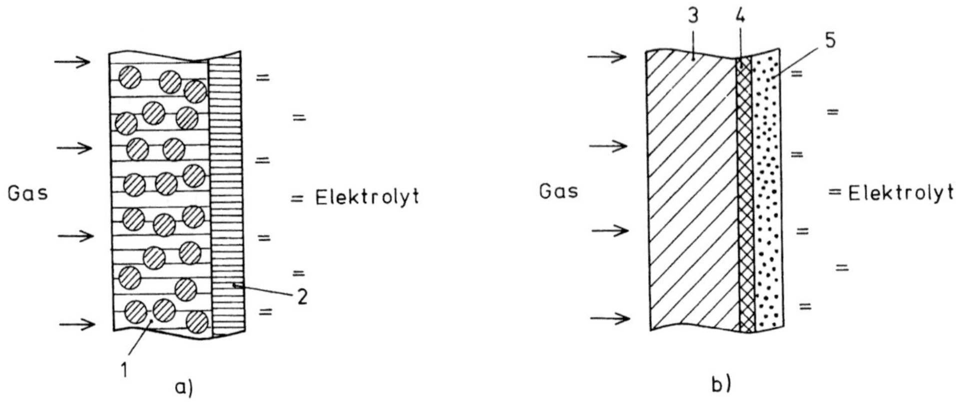

Abb. 41. Aufbau von Gaselektroden mit Katalysatoren. *a)* Hydrophile Doppelschicht-Elektrode, *1* grobporige Arbeitsschicht mit Katalysator-Körnern, *2* feinporöse Deckschicht, *b)* hydrophobe Elektrode, *3* Träger, z.B. aus porösem Teflon, *4* Drahtgewebe als Ableiter, *5* Katalysatorschicht, z.B. aus Aktivkohle mit Silber

gibt es eine ganze Reihe von Katalysatoren auf der Basis Nickel, Silber, Wolframcarbid, Aktivkohle usw. Tabelle 32 zeigt die heute bekannten Katalysatorsysteme für Wasserstoff- und Sauerstoff-Elektroden. Die zum Teil recht frühen Entdeckerdaten sollten nicht darüber hinwegtäuschen, daß auf diesem Gebiet in den letzten Jahren eine lebhafte Forschungs- und Entwicklungsarbeit geleistet worden ist.

Für den Zusammenbau von Brennstoffzellen zu Zellengruppen gibt es mehrere Möglichkeiten. Meist werden die Zellen unter Zwischenlage von Gummidichtungen durch Zugbolzen miteinander verspannt. Aus historischen Gründen bezeichnet man diese Bauweise als *Filterpressen-Konstruktion*. Eine andere viel benutzte Bauweise besteht darin, daß die aktiven Bauelemente mehrerer Zellen zusammen mit Distanzstücken in Gießharz eingegossen werden. Die elektrische Verschaltung ist innen oder außen möglich.

Abbildung 42 zeigt stark vereinfacht die Konstruktion einer Brennstoffzellengruppe in Filterpressen-Bauweise. In die Kunststoffkörper (3) ist jeweils eine Wasserstoff-Elektrode (7) eingeklebt. Auf ihre Rückseite kommt eine Kontaktfeder (9) und ein Gastrennblech (8), darauf eine weitere Kontaktfeder (9) und ein Kunststoff-Einsatz (4) mit der Sauerstoff-Elektrode (6). Auf diese Weise entsteht ein Bauelement mit je einer positiven und negativen Elektrode und dazwischenliegenden flachen Gastaschen. Die Gase werden durch seitliche Kanäle im Kunststoffkörper zugeführt. Damit inerte Verunreinigungen in den Betriebsgasen keine stagnierenden Gaspolster bilden können, wird (gesteuert durch die Zellenspannung) etwas Gas abgeblasen. Die Elektrolyträume liegen zwischen den verspannten Kunststoffkörpern (3) und werden durch

Tabelle 32. Katalysatoren für Wasserstoff- und Sauerstoff-Elektroden. Wolfram-Bronzen sind Natriumwolframate mit Natrium-Defizit

Katalysator	Belegung mg/cm^2	Elektrolyt	Entdecker
Wasserstoff-Oxidation			
Platin, Platinmetalle, Palladium	1 - 50	sauer alkalisch geschmolzen	Grove, 1839 Mond und Langer, 1889 Beutner, 1911
Raney-Nickel	50 - 250	alkalisch	Justi und Mitarbeiter, 1954, 1955, 1958, 1961
Nickelborid	20 - 30	alkalisch	Jasinski, 1963/64
Wolframcarbid	geschätzt 100	sauer	Böhm und Pohl, 1968
Wolfram-Bronze (Zusatz zu Pt)	7	sauer	Niedrach und Zeliger, 1969
TiNi		alkalisch	Justi und Mitarbeiter, 1970
Co-Phosphid		alkalisch	bei Siemens etwa 1972
Sauerstoff-Reduktion			
Platin	0,5 - 20	alkalisch sauer	Grove, 1839
Silber	50 - 250	alkalisch geschmolzen	Zettel, 1886
Metalloxide Co-Al-Spinell	geschätzt 20	alkalisch	Kordesch und Marko, 1951 Feuillade und Coffre, 1965
Hämoglobin Fe-Phthalocyanin		alkalisch sauer	Case, 1897 Jahnke und Schönborn, 1969
Kohle mit Zusätzen	rd. 100	alkalisch neutral sauer	Walker, 1859 Martus und Becker, 1928 Barnett, 1894

Distanzringe (2) gebildet. Der Elektrolyt wird umgewälzt. Er führt Verlustwärme und Reaktionswasser ab. In Abb. 42 werden alle Zellen nacheinander vom Elektrolyten durchflossen. Diese Elektrolytverbindung verursacht elektrische Verluste, die in Kauf genommen werden. Die acht Zellen sind innen elektrisch in Reihe geschaltet.

Abbildung 43 zeigt den Prozeßplan einer Brennstoffzellen-Anlage. Für die Ausbringung des Reaktionswassers gibt es mehrere Möglichkeiten. Einige davon sind in Abb. 44 gezeigt. Es handelt sich um diejenigen Verfahren, die in den amerikanischen Brennstoffzellen für die Apollo- und Gemini-Flüge der NASA verwendet worden sind. Ein weiteres Verfahren besteht darin, daß man im Elektrolytkreislauf einen Verdampfer bzw. Verdunster anordnet.

Die meisten Zellen arbeiten heute im Bereich von Atmosphärendruck bis zu einigen bar Überdruck und von etwa 50 bis 150°C. Der Leistungsbereich erstreckt sich von wenigen Watt bis etwa 5 MW. Über Leistungs- und Energiegewicht ebenso wie über den Raumbedarf lassen sich keine verwendbaren allgemeinen Angaben machen, weil die Werte bei den Versuchsanlagen sehr weit streuen.

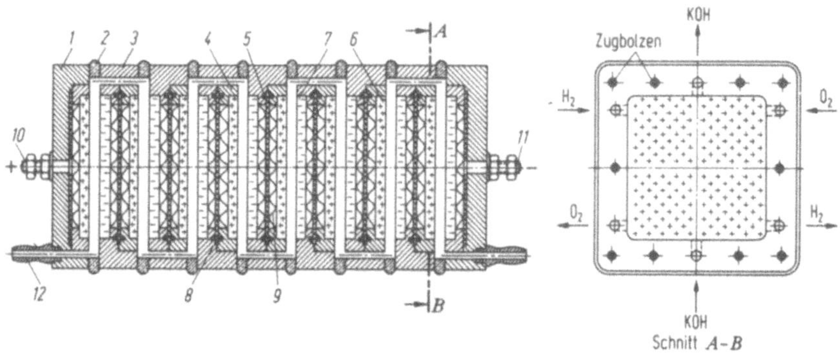

Abb. 42. Schema einer Brennstoffzellengruppe in Filterpressen-Konstruktion. Links: Längsschnitt, rechts: Querschnitt. *1* Endstück, *2* Distanzringe, *3* Kunststoffkörper, *4* Einsatz, *5* Dichtringe, *6* positive Elektrode, *7* negative Elektrode, *8* Gastrennblech, *9* Kontaktfedern, *10*, *11* Anschlußklemmen, *12* Schlaucholive für den Elektrolyt-Kreislauf. (Aus: Hütte: Elektrische Energietechnik, Bd. 2. Berlin - Heidelberg - New York: Springer 1978)

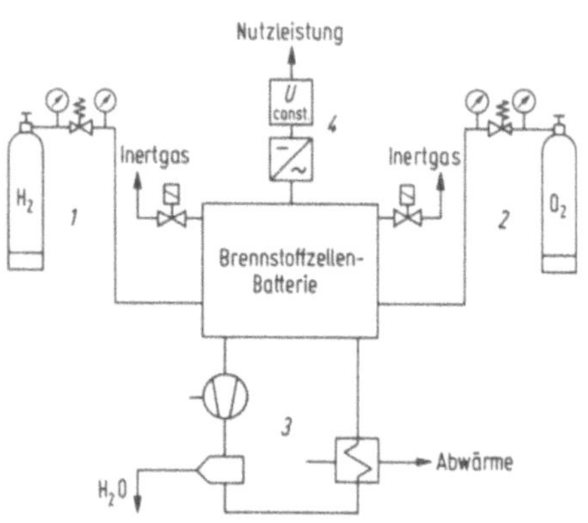

Abb. 43. Prozeßplan einer Brennstoffzellen-Anlage für Wasserstoff und Sauerstoff. Nicht gezeichnet sind Regel-, Steuer- und Sicherheitsvorrichtungen. *1* Brennstoff-Versorgung mit Druckflaschen, Reduzierventil und gesteuerter Inertgasentfernung, *2* Sauerstoff-Versorgung, *3* Elektrolyt-Kreislauf mit Pumpe, Wasserausbringung und Kühler, *4* Kennlinienformer, Wechselrichter. (Aus: Hütte: Elektrische Energietechnik, Bd. 2. Berlin - Heidelberg - New York: Springer 1978)

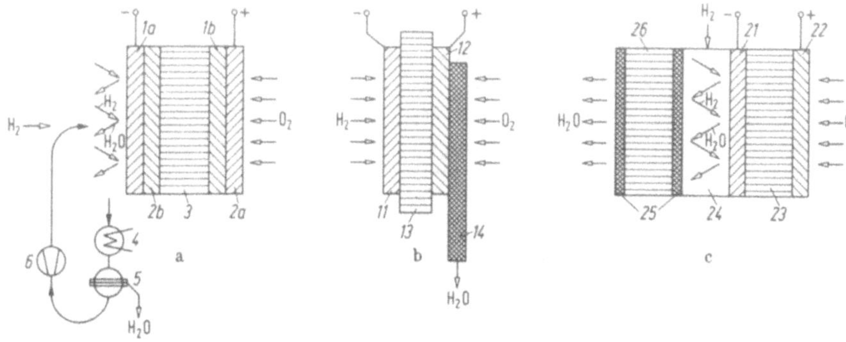

Abb. 44a–c. Schematische Darstellung der Elektrodenanordnung und der Wasserentfernung. *a)* Apollo: *1* H_2-Elektrode, *1a* Arbeitsschicht, *1b* Deckschicht, *2* O_2-Elektrode, *2a* Arbeitsschicht, *2b* Deckschicht, *3* poröse Matrix, mit Elektrolyt, *4* Kondensator, *5* Zentrifuge, *6* Umwälzgebläse. *b)* Gemini: *11* H_2-Elektrode, *12* O_2-Elektrode, *13* Austauscher-Membran, *14* Dochtsystem. *c)* Apollo-Nachfolge-Programm: *21* H_2-Elektrode, *22* O_2-Elektrode, *23* poröse Matrix mit Elektrolyt, *25* Stützgewebe, *26* poröse Matrix mit konzentrierter KOH-Lösung. (Aus: Hütte: Elektrische Energietechnik, Bd. 2. Berlin - Heidelberg - New York: Springer 1978)

7.5 Ausblick

In den Jahren 1950 bis 1970 waren Forschung und Entwicklung auf diesem Gebiet ziemlich rege. Inzwischen sind die Arbeiten gedrosselt worden. Tabelle 33 zeigt, welche Arbeiten 1980 noch liefen.

Ihre größten Erfolge hatten die Brennstoffzellen in der bemannten Raumfahrt. Nach wie vor ist z.B. die NASA an der weiteren Entwicklung von Brennstoffzellen interessiert. Wenn man weiß, daß z.B. bei Pratt & Whitney Aircraft über 1000 Mitarbeiter an den Brennstoffzellen für die Mondflüge mit den Apollo-Raumfahrzeugen gearbeitet haben, nimmt es nicht wunder, daß man dort versucht, das angesammelte Know-how zu kommerzialisieren. Dazu ist eine gesonderte Firma, United Technologies Co., gegründet worden. Getragen zunächst von einem Konsortium von rund zwei Dutzend Gasversorgungs-Unternehmen, wurde dort an automatischen Brennstoffzellen-Anlagen von etwa 40 kW gearbeitet, die sich zur Versorgung einzeln stehender Gehöfte, Häuserblöcke, Kleinsiedlungen usw. eignen. Später übernahmen das Department of Energy und das Electric Power Research Institute die Finanzierung. Zur

Tabelle 33. Mitte 1980 laufende größere Forschungs- und Entwicklungsprojekte auf dem Gebiet der Brennstoffzellen, z.T. nach [32]. BZ: Brennstoffzellen, KW: Kohlenwasserstoffe, DoD: US Department of Defence, GE: General Electric, IGT: Institute of Gas Technology, UT: United Technologies (früher Pratt & Whitney). Weitere Projekte laufen in Universitätsinstituten und bei den Streitkräften mehrerer Länder

Deep Sea Searching Vehicle $H_2/KOH/O_2$	USA	20 kW	GE
Space Shuttle $H_2/KOH/O_2$	USA	3 × 12 kW	UT
BZ im Pkw	USA		Los Alamos Natl. Lab.
BZ in Bus und Lkw	Belgien	10 - 50 kW	Elenco, Mol
Kleinkraftwerke			
in Muscle Shoals	USA	250 kW	GE
in New York[a]	USA	4,8 MW	UT
in Tokio/Japan[a]	USA	> 4,8 MW	UT
Schmelzflußzellen für Kleinkraftwerke	USA		GE und IGT
Silent Lightweight Electric Energy Plants (SLEEP)	USA	0,5 - 10 kW	DoD
Hochtemperaturzellen KW/Nernst-Masse/Luft	USA	mehrere kW	Westinghouse
Notstrom-Aggregat	D	25 kW	Siemens
H_2/H_2SO_4/Luft, H_2/H_3PO_4/Luft	D	1 kW	AEG

[a] saure Baur-Elektrolyte

Zeit ist in New York in der Nähe der Stelle, an der vor hundert Jahren Edison sein erstes Kraftwerk erbaut hat, ein Kraftwerk mit Brennstoffzellen im Bau. Seine Nennleistung am Drehstromnetz beträgt 4,8 MW. Am Bau ist neben United Technologies auch die Consolidated Edison Co. beteiligt. Zunächst ist ein Probebetrieb während 13 Monaten vorgesehen. Dafür stehen 70 Mio US-$ zur Verfügung. Nimmt man eine Verfügbarkeit von rd. 75 % an, so werden knapp 35 Mio kWh erzeugt. Die Kosten liegen also mit brutto 2 US-$ pro kWh selbst für ein Versuchskraftwerk ungewohnt hoch. Die Zellen werden mit reformiertem Erdgas oder Naphtha bei 0,275 MPa (rd. 1,75 atü) und 175°C betrieben. Der Elektrolyt ist sirupöse Phosphorsäure. Der Gesamtwirkungsgrad wird zu 37 % angegeben. Die Anlage sollte im Mai 1981 in Betrieb gehen. Der

Termin hat sich aus technischen Gründen und wegen sicherheitstechnischer Bedenken verzögert. Abbildung 45 zeigt die Ansicht des Kraftwerks.

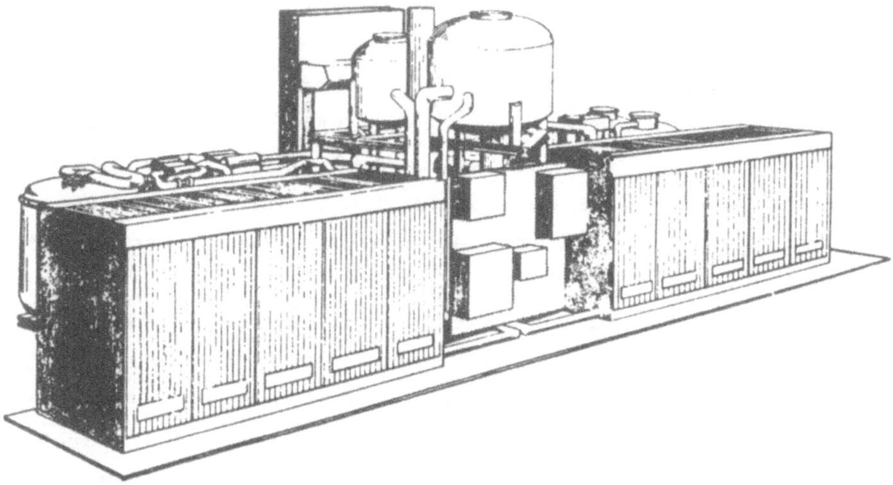

Abb. 45. Schema des in New York zu errichtenden Brennstoffzellen-Kleinkraftwerks von United Technologies Co. und Consolidated Edison Co. Geplante Nennleistung 4,8 MW, Speisung mit reformiertem Erdgas und Luft

Inzwischen steht ein Kontrakt mit japanischen Geldgebern vor der Unterzeichnung. Er hat ein ähnliches Kraftwerk mit etwas höherer Leistung zum Inhalt, das in Tokio stehen soll. Ein etwas kleineres Projekt ist im Gespräch. In Muscle Shoals/Alabama soll für 5,7 Mio US-$ ein Kleinkraftwerk mit 250 kW errichtet werden. Der Space Shuttle Columbia ist mit drei Brennstoffzellen-Aggregaten ausgerüstet, die maximal 3 × 12 kW abgeben können.

Die Brennstoffzellen für die amerikanischen Raumflüge der Gemini-Serie sind von der General Electric entwickelt worden. Sie hatten feuchte Ionenaustauscher-Membranen als Elektrolyt. Inzwischen wird bei GE ein anderes Konzept verfolgt. Gemeinsam mit dem Institute of Gas Technology in Chicago sollen Zellen mit einer Elektrolytschmelze entwickelt werden. Ziel ist ein Kleinkraftwerk mit einem Wirkungsgrad von 60 %. Es soll aus einer Einrichtung zur Kohlevergasung bestehen, den Brennstoffzellen, die bei 650°C arbeiten, und einem Abhitzekessel. Die Arbeiten laufen seit 1978 und sollen 1982 abgeschlossen werden. Das US Department of Energy fördert dieses Projekt mit rd. 17 Mio US-$.

Die verhältnismäßig große Leistung einiger US-Projekte zeigt, wie weit die Brennstoffzellen-Technik fortgeschritten ist. Die Herstellung der Zellen ist nach wie vor kompliziert. Man braucht teure Katalysatoren, und auch der Herstellungsprozeß ist nicht einfach. Daraus folgen die hohen Kosten. Andererseits muß man die Brennstoffzellen als eine Art Abfallprodukt der Raumfahrt sehen. Sie passen wenigstens zum Teil auch in den Rahmen einer Wiederbelebung der Bemühungen um die Verwendung von Batterien als Energiespeicher in lokalen Bereichen des öffentlichen Versorgungsnetzes [25].

Durch die Kombination einer Brennstoffzellen-Anlage mit einem Elektrolyseur kann man elektrische Energie speichern. Solche Anlagen werden als *sekundäre Brennstoffzellen* bezeichnet. Man hat auch bereits versucht, die Brennstoffzellen selbst durch Umkehr der Stromrichtung als Elektrolyseur zu verwenden. Dabei besteht aber die Gefahr, die Katalysatoren in den positiven Elektroden zu schädigen. Die beim "Laden" entstehenden Gase Wasserstoff und Sauerstoff können in den Zellen selbst oder in getrennten Druckbehältern gespeichert werden.

In diesem Zusammenhang sind die US-Versuchsanlage BEST (vgl. Abschn. 6) und die japanische Anlage Moonlight zu erwähnen. Die Battery Energy Storage Test Facility wird in Hillsborough Township, New Jersey, errichtet, ist zum Teil bereits in Betrieb. Die Speicherkapazität ist zunächst auf 5 MWh beschränkt; ein Ausbau bis 100 MWh ist geplant. Dort können klassische Akkumulatoren ebenso wie neuartige Systeme untersucht werden, Natrium/Schwefel-, Zink/Chlor-, Redox-Akkumulatoren usw. Im Arsenal der Kriegsmarine hat es Testanlagen für große Bleibatterien immer schon gegeben. Große U-Boote hatten schon 1945 Batterien mit einem Speichervermögen von 4 MWh (3stündig) an Bord. Die Vergrößerung um einen Faktor 25 liegt für eine ortsfeste Anlage durchaus im Bereich der Möglichkeiten.

Die japanische Regierung plant, bis 1990 rund 17 Mrd Yen (≙ 170 Mio DM) für die Entwicklung von großen Batterieanlagen auszugeben, die 1 MWh und 8 MWh (1stündig) haben sollen. Im Rahmen dieses Moonlight Projects sollen Bleiakkumulatoren und neuartige Systeme untersucht werden. Die angegebene Summe bezieht sich nur auf dieses eine Projekt. Insgesamt dürften in Japan rund 50 Mio DM pro Jahr ausgegeben werden. Darin haben die großen Beträge, wie sie z.B. für die Errichtung eines Kraftwerkes mit Brennstoffzellen erforderlich sind, naturgemäß keinen Platz. Solche Projekte müssen gesondert finanziert werden. Das gilt auch für die USA: Dort sind 1979 rund 100 Mio DM für Batterie-Forschung und -Entwicklung ausgegeben worden, davon rund 60 % staatlich, rund 40 % von der Industrie finanziert. Hinzu kommen aber noch Mittel aus dem Verteidigungs-Etat.

Demgegenüber sind die europäischen Projekte erheblich bescheidener. Bei Siemens sind ortsfeste Notstromaggregate mit 25 kW Leistung im Bau [52,53]. Der Elektrolyt ist Kalilauge bei 80°C, Wasserstoff und Sauerstoff werden aus Druckflaschen zugeführt. Als Wirkungsgrad bei Nennleistung wird 51 % angegeben. Bemerkenswert sind die hohe Stromdichte von 420 mA/cm^2 und die Klemmenspannung von 0,9 V pro Zelle bei Nennleistung (vgl. Abb. 46 und 47, sowie Tabelle 34).

Tabelle 34. Kennwerte für das Siemens-Brennstoffzellen-Aggregat (Abb. 44) nach [52,53]

Abmessungen:	25 × 24 × 100 cm^3
Volumen:	rund 60 l
Gewicht:	betriebsbereit rund 85 kg
70 Zellen in Reihe	geschaltet, gestützte Elektroden von 18,4 × 18,4 cm^2
Katalysatoren:	Raney-Nickel und -Silber
Elektrolyt:	6 n KOH bei 80°C
Nennstromdichte bei 80°C:	rund 420 mA/cm^2 entsprechend 142 A
Leerlaufspannung:	70 V
Nennspannung:	U_N = 54 V
Nennleistung:	7,3 kW
praktischer Wirkungsgrad:	$2\mathcal{F} U_N/\Delta H = \eta^*_{prakt}$ = 52 % bei Nennbetrieb

Die Brennstoffzellen-Batterie ist mit dem Elektrolyt-Regenerator und der Baugruppe Steuerung zusammengebaut und bildet einen kompakten Block. Vier solche Aggregate zusammen mit 6 Druckflaschen für Wasserstoff und 3 Druckflaschen für Sauerstoff und mit der erforderlichen Elektronik bilden das projektierte Notstrom-Aggregat (20 kVA/220 V~)

Abb. 46. Brennstoffzellen-Kompaktaggregat von Siemens Erlangen, 1979. Technische Angaben in Tabelle 34 (vgl. a. Abb. 47). Werkbild Siemens

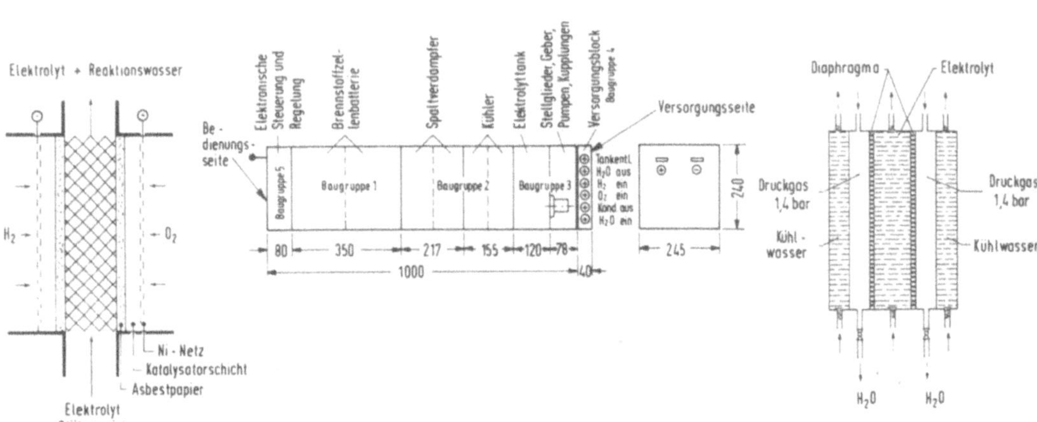

Abb. 47. Aufbau des Kompaktaggregates der Siemens AG, nach [68]. *Links:* Schema der Zellenkonstruktion, *Mitte:* Aufteilung des in Abb. 46 gezeigten Blockes, *rechts:* Schema des Spaltverdampfers zur Entfernung des Reaktionswassers

An Brennstoffzellen mit saurem Elektrolyten wird außer bei United Technologies auch bei der AEG in Frankfurt/M. gearbeitet. Dazu kommen noch Aktivitäten in einigen Hochschul-Instituten und in Versuchsanstalten der Streitkräfte z.B. in den USA, in Schweden und Frankreich. In gewissem Umfang wird seit einigen Jahren bei der Electrochemische Energieconversie N.V. (Elenco) in Mol/Belgien an Straßenfahrzeugen mit Antrieb durch Brennstoffzellen gearbeitet [54]. Man hofft dort, etwa 1985 mit Stadtbussen und Kleinlieferwagen auf den Markt zu kommen.

Die Streitkräfte aller Länder sind an Brennstoffzellen als transportable Stromquellen, zum Fahrzeug- und Bootsantrieb, auch für automatische Feldüberwachung interessiert. Die Leistung kann dabei zwischen wenigen Watt und mehreren hundert kW liegen. Über diese Programme ist wenig bekannt. Man weiß aber, daß bei den US-Streitkräften ein ganzes System von transportablen Anlagen mit Brennstoffzellen entwickelt wird, das Silent Lightweight Electric Energy Plants (SLEEP) heißt und Einheiten von 0,5 bis 10 kW umfaßt. Als Primärenergie dient Methanol, das mit Wasser in H_2 und CO_2 umgesetzt wird. Ein Übergang auf den Düsenkraftstoff JP 4 ist geplant.

8 Batterieforschung und -entwicklung

8.1 Allgemeines zur technischen Entwicklung

Eine technische Entwicklung verläuft nie willkürlich. Sie kann allenfalls verlangsamt oder beschleunigt, aber weder angehalten noch befohlen werden. Völlig unmöglich ist ein Zurückdrehen der Entwicklung, es sei denn als Folge schwerer, weltweiter Katastrophen.

8.1.1 Wesentliche Vorbedingungen

Die technische Entwicklung steht in enger Wechselwirkung mit der Entwicklung des betreffenden Wirtschaftsraumes. Dabei geht es immer um die gleichen Vorbedingungen:

- ausreichender naturwissenschaftlicher und technischer Hintergrund,
- ausreichende Kreativität, richtige Auswahl der verfolgten Ideen, d.h. ausreichende Erfahrung,
- richtiger Zeitpunkt, koinzidierender Bedarf und ausreichend großer Markt,
- Innovationsbereitschaft und -kraft.

Wenn auch nur eine dieser Komponenten fehlt, ist die Entwicklung zur Erfolglosigkeit verdammt, auch wenn das neue Produkt oder Verfahren im Labor funktioniert, technisch machbar und "gut" ist. Die Regulation erfolgt über Preis und Nachfrage, wobei der Teufelskreis aus geringer Nachfrage und teurer Fertigung kleiner Stückzahlen eine große Rolle spielt.

8.1.2 Forschungs- und Entwicklungs-Schübe

Forschung und Entwicklung sind im Bereich von Batterien und Brennstoffzellen schlecht zu trennen. Nur wenige Forschungsprojekte werden in einem Zug bis zum Produkt geführt. Meist kann man mehrere Schübe beobachten. Ein klassisches Beispiel sind die elektrochemischen Brennstoffzellen:

Man findet

das erste Maximum 1840 bis 1850,
das erste Minimum 1860 bis 1880,

das zweite Maximum 1900 bis 1920,
das zweite Minimum 1950 bis 1956,

das dritte Maximum 1962 bis 1967,
das dritte Minimum 1972 bis 1975,

das vierte Maximum wird erwartet.

8.1.3 Ausgaben für Forschung und Entwicklung

Entscheidend für die notwendigen Ausgaben ist der bereits erreichte technische Stand. An einem bereits ziemlich ausentwikkelten Produkt oder Verfahren lassen sich Verbesserungen nur mit hohem Aufwand erreichen. Andererseits können dann schon relativ geringe Qualitätsunterschiede entscheidend für den Marktanteil sein. Produkte oder Verfahren brauchen also permanent annähernd konstante Aufwendungen für Forschung und Entwicklung, um konkurrenzfähig zu bleiben. Im Prinzip ist einfach der Umsatz entscheidend:

Der Batterieumsatz stieg von 1866 bis 1970 in der westlichen Welt (ohne Korrektur für Geldentwertungen) von ungefähr 10 000 $ auf 1 500 Mio $ pro Jahr, also um gut 5 Zehnerpotenzen. In den letzten 50 Jahren war die Wachstumsrate nahezu konstant und betrug rund 4 % pro Jahr.

In der gleichen Zeit stieg die Erzeugung elektrischer Energie von rd. $2 \cdot 10^3$ kWh auf $2 \cdot 10^{12}$ kWh pro Jahr, also um rd. 9 Zehnerpotenzen.

In den letzten 50 Jahren war die Wachstumsrate nahezu konstant und betrug rund 7 % pro Jahr. Der Wert der Erzeugung im Jahr 1970 läßt sich auf rund 20 000 Mio $ schätzen.

Die absolute Bedeutung der Batteriefertigung ist also erheblich gestiegen, die relative Bedeutung gegenüber der Stromerzeugung erheblich gesunken.

In diesem Zusammenhang vermittelt Tabelle 35 einen Eindruck von der Verteilung des Hersteller-Umsatzes auf die einzelnen Batterietypen. Man erkennt das Übergewicht der Bleibatterien und die geringe Bedeutung der alkalischen Akkumulatoren. Die Verhältnisse können in den einzelnen Wirtschaftsräumen unterschiedlich sein.

Tabelle 35. Verteilung des Hersteller-Umsatzes auf die einzelnen Batterie-Systeme in den USA 1970 in Mio $ [71]

Blei-Akkumulatoren			
Starterbatterien	450		= 46 %
sonstige	146		= 15 %
		596	= 61 %
alkalische Akkumulatoren			
Fe/Ni u. Cd/Ni offen	17		
Cd/Ni gasdicht	20		
Zn/Ag	9		
		46	= 5 %
Primärzellen			
$Zn/NH_4Cl/MnO_2$	230		= 24 %
$Zn/KOH/MnO_2$	30		} = 10 %
Zn/KOH/HgO	33		
$Zn/KOH/AgO_x$	12		
Luftsauerstoff	9		
sonstige	15		
		329	= 34 %
	insgesamt	971 Mio $ im Jahr 1970	

Die absolute Bedeutung der Batteriefertigung läßt sich am Umsatz ermessen, der wiederum ein Maß für die möglichen Forschungs- und Entwicklungsaufwendungen ist. Unter der Annahme, daß 3 % vom Umsatz für Forschung und Entwicklung ausgegeben werden, erhält man für die westliche Welt im Jahre 1970 einen Betrag von rund 45 Mio $. Bis 1977 dürfte der Umsatz in der westlichen Welt auf 2 000 Mio $ gestiegen sein und entsprechend die möglichen Aufwendungen für Forschung und Entwicklung auf rund 60 Mio $. Da Batterien bereits weit fortgeschrittene Produkte sind und auch ihre Verfahrenstechnik schon ziemlich ausgefeilt ist, läßt sich mit dieser Summe ein bestimmter, nicht allzu stürmischer Fortschritt erzielen. Tatsächlich sind die Aufwendungen höher. Überwiegend werden sie für die Produktentwicklung, seltener für die Verfahrensentwicklung aufgewendet.

Für Forschung und Entwicklung im Bereich von Elektrizitätserzeugung und -verteilung kann rund das 17fache ausgegeben werden. Hierfür sind nicht allein die Stromerzeugung, sondern zugleich auch die Kosten für den notwendigen Zubau maßgebend. Tatsächlich sind sogar noch höhere Ausgaben möglich, weil die hohe relative Bedeutung der Stromerzeugung in der Volkswirtschaft es möglich macht, fremde Mittel heranzuziehen. Je größer also die relative Bedeutung eines Produktes oder Verfahrens ist, desto größer absolut und relativ sind die Mittel, die für Forschung und Entwicklung ausgegeben werden können. Zwar steigen die Erfolge langsamer als proportional mit den Aufwendungen, andererseits aber wirken sie auch auf einen größeren Umsatz zurück.

8.1.4 Beharrungsvermögen getroffener Entscheidungen

Das Fortschreiten der Entwicklung erfordert laufend Entscheidungen, die aus dem Blickwinkel der Entwicklung zum Zeitpunkt ihrer Notwendigkeit getroffen werden und hinterher nur noch ausnahmsweise rückgängig zu machen sind. Typische irreversible Beispiele:

die Spurweite von 1435 mm der Vollbahnen,
die Frequenz von 16 2/3 Hz des Bahnstroms,
die Einführung des elektrischen Verbundnetzes.

Ein lehrreiches Beispiel ist die Geschichte des Stirling-Motors:

Nach Vorläufern entwickelte Stirling 1827 eine betriebsfähige Heißgas-Maschine in geschlossener Bauart. Sie war dem Bedarf kleiner Werkstätten besser angepaßt als die Dampfmaschine, weil sie schneller betriebsbereit war und weniger Brennstoff verbrauchte. Bis 1880 sind rd. 5000 Stirling-Maschinen hergestellt worden.

Etwa 1875 fiel aber die Entscheidung zugunsten des Otto-Motors. Er war kleiner, leichter, billiger und noch schneller betriebsbereit. 1890 gab es schon 30 000 davon. Die Stirling-Maschine dagegen war verschwunden. Um die Jahrhundertwende kamen dann die Elektromotoren und lösten in den Werkstätten auch den Otto-Motor ab.

Die Otto-Motoren fanden sofort ein neues Anwendungsgebiet, den Fahrzeugantrieb. Seit etwa 1940, rund 60 Jahre nach der Ablösung, bemüht man sich wieder um die Stirling-Maschine. Sie ist leise, hat geringen Verbrauch und ist eine Allstoffmaschine. Trotzdem: Heute, fast 40 Jahre später, hat sie weder als stationäre noch als mobile Kraftmaschine wieder Fuß gefaßt. Dagegen sind viele hundert Anlagen zur Verflüssigung von Luft und sogar Helium auf dieser Basis entstanden. Die Stirling-Maschine hat in bescheidenem Rahmen eine neue Nische gefunden.

Die große Beharrung eines einmal eingeführten technischen Systems hat mehrere Gründe:

Eingeführte technische Systeme sind technisch ebenso wie wirtschaftlich weit entwickelt. Sie sind optimiert, genormt, zuverlässig und dem Praktiker geläufig. Neue Systeme erreichen einen vergleichbaren Stand erst im Laufe der Zeit.

Eingeführte technische Systeme repräsentieren oft einen hohen Wert und können aus wirtschaftlichen Gründen nicht durch andere ersetzt werden.

Eine Ablösung ist nur dann möglich, wenn das neue System entscheidende technische und ökonomische Vorteile bietet.

Der Einfluß anderer Faktoren wird meist überschätzt. Das gilt auch für philanthropische Anliegen und wahrscheinlich auch für die Politik, deren Entscheidungsspielraum relativ klein ist.

8.2 Risiko von Forschung und Entwicklung

Die klassischen Batterien und Akkumulatoren sind im vorigen Jahrhundert erfunden worden:

der Bleiakkumulator 1854,
die Zn/MnO_2-Primärzelle 1868,
die alkalischen Akkumulatoren 1897.

Trotzdem sind an diesen Systemen durchaus noch Verbesserungen möglich. Sie können sogar durchaus attraktiv sein, wie wir in den letzten Jahren z.B. an der Einführung der neuen Starterbatterien bemerkt haben.

Die Batterie-Industrie in der Bundesrepublik Deutschland dürfte z.Zt. einen Umsatz von rund 1200 Mio DM haben. Rechnet man wieder rund 3 % davon als verfügbar für Forschung und Entwicklung, so erhält man pro Jahr rund 36 Mio DM. Dem steht eine staatliche Förderung im Jahre 1977 von rund 10,5 Mio DM gegenüber (vgl. Tabelle 36).

Für die risikoreichen Aufgaben an den klassischen Batteriesystemen sind 1,8 Mio DM, für neue Batterie-Arten rund 2,8 Mio DM

Tabelle 36. Staatliche Förderung von Forschung und Entwicklung im Bereich Batterien und Brennstoffzellen in der Bundesrepublik Deutschland, nur BMFT, in 1000 DM für das Jahr 1977 [71]

Bleiakkumulatoren	1278		
Eisen/Nickel	591		
Na/Keramik/S	1862		
Li/S	270		
Li/Chlorträger	156		
sonstige Akkumulatoren Mn/MnO_2, $H_2/NiOOH$, Ca/CaF_2, Pb-Lösungsakku	519	zusammen	4676
Primärzellen		nicht gefördert	
Brennstoffzellen			3726
Grundlagen			98
verwandte Gebiete Abgassonde, Hochtemperatur-Elektrolyse, Whisker-Elektroden, Speicher für Solarzellen			2023
		insgesamt	10523 TDM

und für Brennstoffzellen rund 3,7 Mio DM aufgewendet worden. Dazu kommen noch 2 Mio DM für solche Aufgaben, die von der Technologie her verwandt sind oder die auf neue Verfahren und Anwendungsgebiete zielen. Daß die Grundlagen so relativ knapp bedacht sind, liegt daran, daß hier im strengen Sinne "applied theory" gemeint ist, also besonders anwendungsnahe, aber systemunabhängige Forschung. Aufgabenstellungen dieser Art sind sehr selten. Für die Förderung der Forschung im weiteren Sinne ist die DFG zuständig. Batterien für Militärtechnik werden, soweit überhaupt, vom BMVtg direkt gefördert. Die Schwerpunkte der geförderten Arbeiten werden von der Anwendung und von den Perspektiven bestimmt, z.B.

Stromquellen für Batterie-Auto,
Batterien für lokalen Lastausgleich im elektrischen "Halbinsel"-Betrieb,
Batterien für Sonderzwecke: Implant-Elektronik, Solarzellen-Anlagen, Hörgeräte, zivile Luftfahrt, Raumfahrt,
energie- und rohstoffsparende Verfahren.

8.3 Neue Verfahren der Batterieforschung

8.3.1 Mathematisierung

Lange Zeit war die Auslegung von Batterien reines Probieren. Auch heute ist große Erfahrung für eine einwandfreie Fertigung unerläßlich. Dennoch bleibt zu konstatieren, daß die Anwendung mathematischer Methoden auch in der Batterieforschung beachtliche Früchte getragen hat.

Kapazitätsberechnung

Die Anwendung mathematischer Rechenverfahren begann vor etwa 90 Jahren mit einer Veröffentlichung von L. Schroeder, der versuchte, das elektrische Verhalten von Bleiakkumulatoren mit Hilfe der sehr einfachen Gleichung

$$I^{5/3} = C/t$$

zu beschreiben. Darin ist I die Entladestromstärke, t die Dauer der Entladung und C eine Konstante. Dieser Ausdruck wurde von W. Peuckert verallgemeinert:

$$I^{\beta} = C'/t,$$

mit einem justierbaren Exponenten β und einer abweichenden Konstante C'. Eine Reihe damals bekannter Autoren (z.B. C. Liebenow und F. Dolezalek) haben sich des Problems ebenfalls angenommen. Bessere Näherungen wurden in den dreißiger Jahren von M. Rabl und H.E. Lawson gefunden. Vor zwanzig Jahren haben schließlich R. Huber [56] und C.M. Shepherd mathematische Ausdrücke veröffentlicht, die wenigstens numerisch die Entladeeigenschaften von Trockenzellen und Bleiakkumulatoren recht gut beschreiben. Damit ist die formale Behandlung zu einem gewissen Abschluß gekommen.

Eine Kombination von linearen und exponentiellen Termen mit fünf Konstanten scheint diesem Problem angemessen zu sein. Obwohl Huber und Shepherd versucht haben, ihren formalen Konstanten eine physikalische Interpretation zu geben - sie führen Bezeichnungen wie "Polarisation", "Menge des aktiven Materials", "geometrischer Parameter" und "Diffusionsparameter" ein -, bleiben diese Gleichungen weitgehend formal.

Andererseits hat W. Stein [57] gezeigt, daß sich das Hochstromverhalten von Bleiakkumulatoren aus wenigen physikalisch wohldefinierten Größen berechnen läßt. Stein verwendet z.B. eine gemessene Überspannungsfunktion, Temperaturkoeffizienten, Porosität, Umwegfaktor usw. Auf diese Weise kann man das komplizierte Verhalten der Zelle auf wenige gemessene Größen bzw. Funktionen zurückführen. Allerdings darf man nicht vergessen, daß sich viele dieser Größen während der Lebensdauer der Zellen ändern.

Stromverteilung

Ein zweites Beispiel für diese Art von theoretischen Untersuchungen ist die Behandlung von porösen Elektroden. Nach den ersten Beobachtungen von P. Schoop um die Jahrhundertwende wurden die ersten rechnerischen Untersuchungen von russischen und US-Autoren in den vierziger Jahren veröffentlicht. 1960 konnte die erste geschlossene Lösung gefunden werden [72].

Der entscheidende Schritt war die lineare Approximation der Überspannung, $j = g\eta$. Darin ist j die pro Volumenelement erzeugte Stromstärke, η die Überspannung und g ein Proportionalitätsfaktor, genannt Überspannungsparameter. Damit erhält man bei ebenen, semi-infiniten Plattenelektroden und bei zylindersymmetrischen Elektroden Differentialgleichungen höherer Ordnung, die sich geschlossen lösen lassen. Man findet für die Plattenelektrode die Summe von zwei gegenläufigen Hyperbelfunktionen, für die Zylinderelektrode eine Linearkombination von Zylinderfunktionen imaginärer Argumente. In beiden Fällen ist aber die Stromverteilung durch drei Parameter vollständig bestimmt: durch die spezifischen Widerstände ρ_e und ρ_i für Elektronen und Ionen und durch den Polarisationsparameter g in $ohm^{-1}cm^{-3}$. Als Resultat erhält man die Verteilung der Volumenstromdichte über die Dickenkoordinate z oder den Radius r,

Plattenelektrode j(z), Zylinderelektrode j(r).

Insbesondere hängt die Stromverteilung *nicht* vom Elektrodenpotential ab, solange überall in der Elektrode das gleiche Potential herrscht.

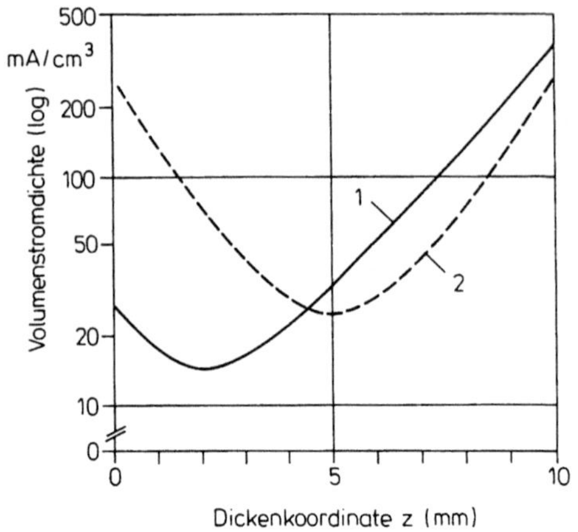

Abb. 48. Anfängliche Stromverteilung in flachen Braunstein/NH_4Cl-Elektroden, mittlere Belastung 80 mA/cm^3, Dicke 10 mm. Elektronenzufuhr bei z = 0, Ionenzufuhr bei z = 10 mm [58]. *1* Graphit als Leitmaterial, ρ_e = 0,2, ρ_i = 7,5 Ohm.cm, g = 2,8 $Ohm^{-1}cm^{-3}$, *2* Ruß als Leitmaterial, ρ_e = 7,5, ρ_i = 7,5 Ohm.cm, g = 2,8 $Ohm^{-1}cm^{-3}$

Abbildung 48 zeigt die Stromverteilungen in flachen Braunstein/Salmiak-Elektroden. In den Elektroden mit Ruß als Leitmaterial sind Elektronen- und Ionenwiderstand annähernd gleich. Man erhält symmetrische Verteilungen, "Badewannen". Verbessert man durch Zusatz von Graphit die Elektronenleitung um knapp den Faktor 40, so drängt sich die Stromerzeugung an der Elektrolytseite zusammen. Abbildung 48 bezieht sich auf die sehr hohe mittlere Belastung mit 80 mA/cm^3, entsprechend rd. 1,5 A bei einer Monozelle (IEC R 20). Diese Belastung kann nur für Sekunden übernommen werden, z.B. mit großen Abständen zwischen den einzelnen Impulsen. Auch die Dicke von 10 mm ist für Plattenelektroden unüblich hoch angesetzt. Die Kurven zeigen aber das charakteristische Aussehen besonders deutlich.

An der Oberfläche beträgt die Belastung das Vier- bis Fünffache der mittleren Belastung, im Inneren der Platte nur ein Viertel bis ein Fünftel. Für die Graphit-Elektrode kann man eine Eindringtiefe τ definieren, Absinken von j auf 1/e = 0,37, die dann nur von g abhängt (vgl. Abb. 49). Ruß-Elektroden arbeiten von beiden Seiten.

Sobald die Entladung läuft, baut sich in der Elektrode ein Potentialprofil auf, und die Stromverteilung verändert sich.

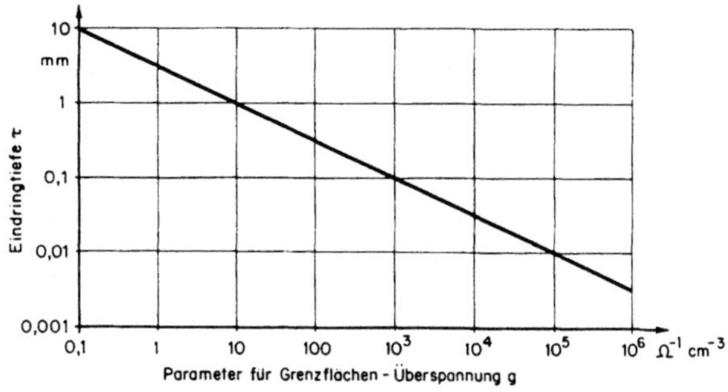

Abb. 49. Eindringtiefe der Stromkonversion in eine poröse ebene Elektrode von 10 mm Dicke. $\rho_e << \rho_i = 10$ Ohm.cm

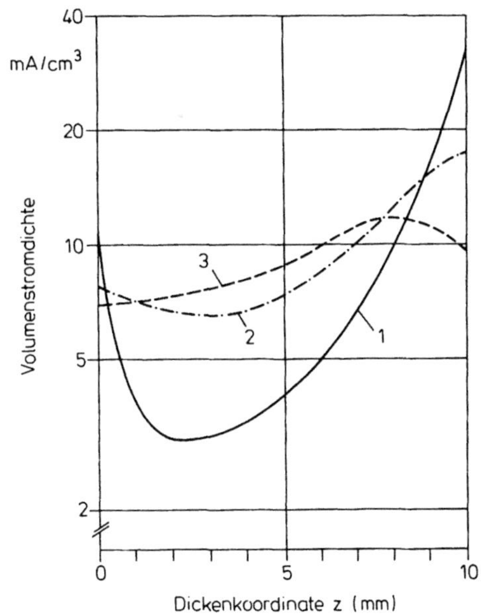

Abb. 50. Zeitliche Entwicklung der Stromverteilung in einer flachen Braunstein-Elektrode aus einer Zelle mit Magnesiumchlorid-Elektrolyt [58]. Ruß als Leitmaterial, $\rho_e = 5{,}6$ Ohm.cm, $\rho_i = 24$ Ohm.cm, $g = 0{,}6$ $Ohm^{-1}cm^{-3}$, mittlere Belastung 10 mA/cm^3, Dicke 10 mm. Elektronenzufuhr bei z = 0, Ionenzufuhr bei z = 10 mm. Kontinuierliche Entladung bis 0,75 V. *1* Zu Beginn der Entladung, *2* nach 3 h, *3* nach 14 h am Ende der Entladung

Abbildung 50 zeigt die Verteilung in flachen porösen Elektroden, die Braunstein und Ruß enthalten. Die Poren sind mit einer Lösung von Magnesiumchlorid gefüllt. Ionen von links, Elektronen von rechts, Dicke 10 mm, mittlere Belastung 10 mA/cm^3. Die Stromverteilung verändert sich während der Entladung, die hier 14 h dauert. Abbildung 50 ist mit Hilfe eines elektrischen Analogmodells ermittelt worden.

Die Theorie wurde in mehrfacher Richtung verbessert, nicht zuletzt durch die Benutzung von analogen und digitalen Rechnern. Zunächst einmal kann man den linearen Ansatz für die Überspannung verbessern (vgl. Tabelle 37). Dabei hat sich gezeigt, daß die lineare Approximation meist voll ausreicht. Nur bei sehr dicken Elektroden sollte man logarithmisch nähern [62]. Großen Einfluß haben dagegen ortsabhängige Leitfähigkeit [63] und Anisotropie [64]. Der letztere Gesichtspunkt ist bisher kaum untersucht worden.

Tabelle 37. Typus von Überspannungskurven für Elektroden oder Zellen. η: Überspannung (Polarisation), i: Stromdichte

a) gemessene Funktionen:		
$\eta = f_m(i)$		
b) exponentiell (Redox-Typ):		
$i = i_o\{A\exp(a\eta) - B\exp(-b\eta)\}$	i_o:	Austausch-Stromdichte
	a, A:	Konstanten f. Vorwärts-Reaktion
	b, B:	Konstanten f. Rück-Reaktion
c) logarithmisch (Tafel-Gerade):		
$\eta = \frac{1}{a'}\ln(i/i_o) + K$	a':	Konstante (Steigung)
	K:	Korrektur
d) Polynom bzw. linear:		
$\eta = R_p i + r_2 i^2 + r_3 i^3 \ldots$	R_p:	Polarisationswiderstand
	r_2, r_3:	Konstanten

alle auch mit einem oder mehreren Grenzströmen i_{max}

Außer dem Potentialprofil ändern sich natürlich auch die Überspannung und die spezifischen Widerstände während der Entladung. Die Änderung des Ionenwiderstandes ist von vielen Autoren berücksichtigt worden [57]. Sie begrenzt die Kapazität bei Hochstrom. Dagegen begrenzt der sehr steile Anstieg des Elektronenwiderstandes die Ausnutzung der Masse auch bei niedriger Belastung, selbst wenn der Elektrolyt umgepumpt wird oder wenn man frische Säure einfüllt. Wenn einem Bleiakkumulator zwei Drittel der theoretischen Kapazität entnommen worden sind, sinkt die Elektronenleitfähigkeit (z.B. der positiven Masse) um rund 8 Zehnerpotenzen (vgl. Abb. 51). Metzendorf [59] konnte zeigen, daß die positiven Elektroden dabei durch Perkolationsrechnungen beschrieben werden. Die negativen Elektroden des Bleiakkumulators folgen einem ähnlichen Formalismus, der "Effective Medium Theory". Man kann hoffen, die Ausnutzbarkeit der Masse zu verbessern, wenn man strähnen-förmige Strukturen in den Platten erzeugt.

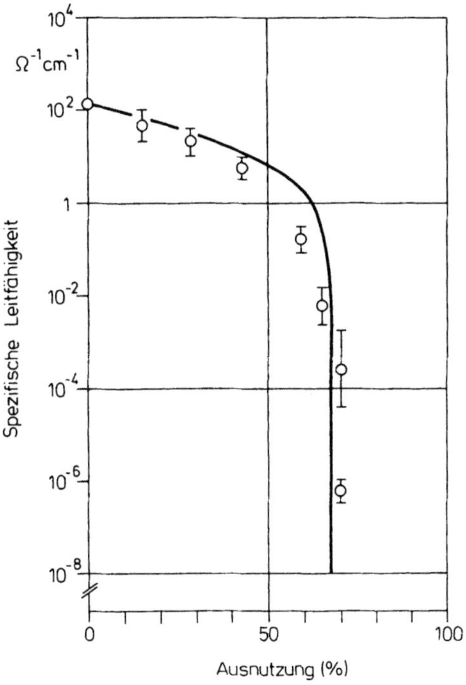

Abb. 51. Rückgang der Elektronenleitfähigkeit von Bleidioxid in einer positiven Gitterplatte während einer hundertstündigen Entladung. Meßpunkte mit Fehlerbalken, ausgezogen: Perkolationsrechnung. Nach [59]

Meist wird vorausgesetzt, daß die Elektrode aus einer festen porösen Matrix und einer flüssigen Lösung in den Poren besteht. Sehr viel komplizierter liegen die Dinge, sobald einer der reagierenden Stoffe gas-förmig ist. Das gilt für die Elektroden der Luftsauerstoff-Elemente, der gasdichten Cd/Ni-Akkumulatoren und der Brennstoffzellen. Die Reaktionen laufen dann in den Benetzungsrändern ab (vgl. Abb. 52). Diese Elektroden lassen sich nur formal oder statistisch behandeln, weil die Geometrie sehr kompliziert ist [74].

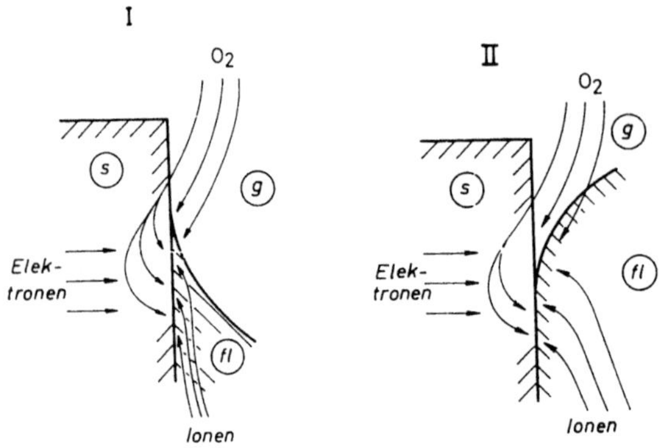

Abb. 52. Hydrophile (I) und hydrophobe (II) Dreiphasengrenze in Luftsauerstoff- bzw. Gaselektroden. *s* fester Elektronenleiter, *fl* flüssiger Ionenleiter, *g* Gasraum

Obwohl gerade bei der Behandlung der Stromverteilung bereits ermutigende Fortschritte erzielt worden sind, bleiben doch viele Fragen offen. Abgesehen von der erwähnten Rolle der Anisotropie muß das Wechselspiel von Überführung und Diffusion einbezogen werden, ebenso die Temperatureffekte und die Konvektion im Inneren der porösen Elektrode. Besonders N. Ibl hat auf die große Vielfalt dieser Erscheinungen hingewiesen.

Kompliziert und kaum geklärt ist das Verhalten poröser Elektroden gegenüber Wechselstrom. Dem Einfluß von Einschaltvorgängen auf die Stromverteilung ist unlängst nachgegangen worden [69]. Diese Vorgänge sind im wesentlichen durch die Doppelschicht- bzw. Grenzflächenkapazität bestimmt und lassen sich durch eine Zeitkonstante charakterisieren. Dagegen ist die Frage nach den statistisch verteilten Singularitäten in technischen Elektroden noch ungelöst, ein für den Praktiker besonders wichtiges Problem.

Optimale Form der Ableiter

Masseträger, Gitter, Blei-Seelen in Panzerplatten, Sintergerüste, Taschen, Nickelflitter und Kohlestifte machen in den Gewichtsbilanzen der Zellen bis 25 % aus. Deshalb ist ihre Optimierung wichtig: möglichst niedriges Gewicht bei ausreichender Leitfähigkeit. Bei der Formgebung geht man meist empirisch vor. Nur in einem Fall ist es gelungen, durch Variationsrechnung zum Ziel zu kommen [60]. Die Blei-Seelen der Panzerplatten sollten schlanke

Rotationsparaboloide sein, die sich durch Kegelstümpfe annähern lassen. Je schlanker und länger die Röhrchen der Panzerplatten werden, desto wichtiger werden Überlegungen dieser Art. Das gilt auch für hoch belastete Trockenzellen.

Lebensdauerstatistik

Wesentlich ist die Anwendung statistischer Methoden auf die Vorhersage der Lebensdauer von Primärzellen und Akkumulatoren. Je länger die erwartete Lebensdauer oder je größer die angestrebte Zyklenzahl wird, desto mehr muß man für Lebensdauerprüfungen aufwenden. Deshalb sind zeitsparende Methoden für die Lebensdauerprüfung und -vorhersage wichtig. Dazu muß man die Gesetze genau kennen, von denen die Lebensdauer der Zellen beherrscht wird. Grundlage dafür ist die Ausfallstatistik. Für die Bleiakkumulatoren haben E. Voss und G. Huster eine ausgedehnte Untersuchung veröffentlicht [61], auf deren Basis weitergearbeitet werden kann.

Optimierung und Mathematisierung

Ziel der mathematischen Behandlung ist es, die Arbeitsweise von Batterien besser als bisher zu verstehen. Zweifellos haben Untersuchungen der Säurediffusion in Bleiakkumulatoren und die Nachbildung poröser Batterie-Elektroden als elektrische Netzwerke wesentlich dazu beigetragen. In beiden Fällen ergaben sich aus der mathematischen Behandlung aber nur Resultate, die aus Experimenten bereits bekannt waren. Eine Anleitung zur Verbesserung ist erstmalig durch die Perkolationsrechnungen [59] gewonnen worden: Die Zahl der Berührungspunkte zwischen den Partikeln muß vergrößert werden; man benötigt anisotrope, strähnige Strukturen in den Platten.

Hätte man Ausdrücke für Kapazität, Belastbarkeit und Energieinhalt pro Liter, in denen nur noch technisch faßbare Parameter auftreten, z.B. Korngröße, Plattendicke und Porosität, so könnte man auf Rechnern durch Parametervariation den besten Kompromiß finden: Geringe Korngröße führt zu größerer arbeitender Oberfläche im Volumenelement. Das ist günstig, weil die Überspannung η mit steigender Oberfläche sinkt bzw. der Polarisationsparameter g wächst. Dadurch wird aber die Stromverteilung steiler. Das müßte nun durch dünnere Elektroden ausgeglichen werden. Dabei aber sind Grenzen durch die Brüchigkeit der Platten, durch die Größe des Ausschusses und nicht zuletzt durch die Kosten gesetzt. Kleinere Partikel sind außerdem meist "runder" als größere. Das führt im Sinne der Perkolationstheorie zu einer geringeren Anzahl von Berührungspunkten pro Partikel und damit zu schlechter Massenausnutzung. Schließlich unterliegen feine Partikel leichter als grobe der Elektrophorese. Sie können durch Glasseidematten wandern und eventuell Brücken bilden.

Dünne Platten erhöhen zwar den Kurzschlußstrom, gleichzeitig aber auch das Totvolumen: Die Niederstrom-Kapazität sinkt. Die Porosität der Platten könnte man im Prinzip über die heute üblichen rund 50 % hinaus erhöhen. Das hätte eine verbesserte Säurediffusion zur Folge. Das Porenvolumen geht aber als Volumen für aktive Masse verloren, bedeutet also einen Verlust an Niederstromkapazität. Außerdem haben höher poröse Platten eine verringerte Lebensdauer. Solche Zusammenhänge sind in groben Zügen bekannt, auch wenn die mathematische Formulierung im einzelnen noch Mängel hat.

8.3.2 Widerstandsmessungen

Neben der offenen Spannung U_o hat stets der Innenwiderstand R_i interessiert. Die Definition dieser Größe ist schwierig, weil R_i von der Belastungsstromstärke abhängt. Mißt man mit Wechselspannung, so erhält man die phasenwinkel-behaftete innere Impedanz Z_i der Zelle, die in komplizierter Form von Frequenz und Amplitude abhängt (vgl. Abb. 53 und Tabelle 38). Trotz der schwierigen Deutung werden in fast allen Batterie-Laboratorien Impedanz- und Widerstandsmessungen durchgeführt, weil man dadurch oft Aufschlüsse über die Vorgänge in den Zellen erhält. So kann man zeigen, daß der Leitungswiderstand von der Belastung unabhängig ist, aber während der Entladung stetig wächst. Der Reaktionswiderstand R' dagegen hängt von der Belastung ab, ändert sich aber während der Entladung weniger stark. Die Grenzflächenkapazität läßt oft Schlüsse auf die Größe der arbeitenden Fläche

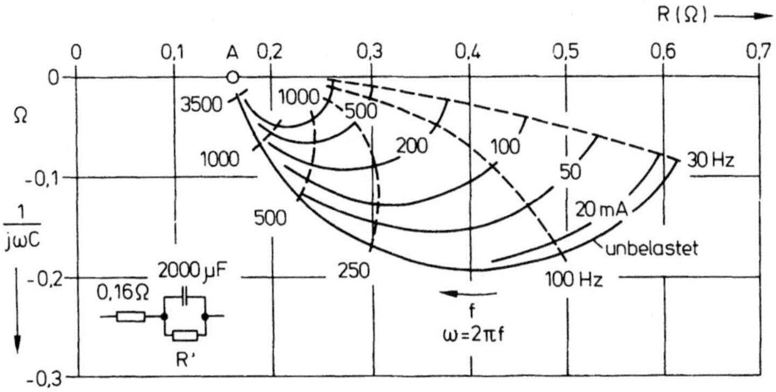

Abb. 53. Ortskurven in der Widerstandsebene und angenähertes Ersatzschaltbild einer Trockenzelle. Monozelle, $Zn/NH_4Cl/MnO_2$, IEC R 20, kurz nach dem Einschalten des Entladestromes, nach [73]. Parameter ist der Entladestrom in mA. Die gestrichelten Linien sind Kurven gleicher Frequenz. A Konvergenzpunkt bei hoher Frequenz, R' Reaktionswiderstand

Tabelle 38. Auswertung der Ortskurven einer Trockenzelle (vgl. Abb. 53)

Zellengröße:	Monozelle, IEC-Norm R 20 33 mm Durchmesser, 58 mm Schulterhöhe, Gewicht rd. 90 g Pastenzelle mit Stahlmantel
negative Elektrode:	Zinkbecher, Feinzink mit etwas Pb, Cd und Hg
Elektrolyt:	mit Mehlkleister abgebundene Lösung von etwa 20 Gew.-Teilen NH_4Cl und 10 Gew.-T. $ZnCl_2$ in Wasser
positive Elektrode: 28 mm ⌀ 45 mm hoch	65 Gew.-T. Braunsteinpulver 9 Gew.-T. Acetylenruß 8 Gew.-T. fester Salmiak 18 Gew.-T. Elektrolytlösung

Leitungswiderstand bis zum Konvergenzpunkt: 0,16 Ohm

Grenzflächenkapazität rd. 2000 µF
geometrische Oberfläche am Zink rd. 50 cm^2

Reaktionswiderstand R' aus der Breite der Ortskurven:

Belastung (mA)	R' (Ohm)
0	0,48
20	0,45
50	0,39
100	0,31
200	0,22
500	0,14
1000	0,10

Nicht in Abb. 53 eingezeichnet:
Oberhalb 20 kHz wird die Impedanz induktiv, unterhalb 30 Hz verzerren sich die Ortskurven stark. Die Ortskurven sind annähernd Kreisbögen, deren Mittelpunkt etwa um 1/8 der Breite ins Induktive (nach oben) verschoben ist.

zu. In der Zelle, die Tabelle 38 zugrunde liegt, hat nur wenig mehr als die geometrische Oberfläche (der Zinkelektrode) gearbeitet. Sie besteht ja auch aus Blech, das lediglich durch Korngrenzen und Ziehriefen etwas aufgerauht ist.

Als weiteres Beispiel für die Anwendung von Widerstandsmessungen sind in Abb. 54 die Innenwiderstands-Spektren eines Silber/Zink-Akkumulators und einer Trockenzelle angegeben. Dabei handelt es sich also um die Abhängigkeit des Innenwiderstandes von der Klemmenspannung der Zelle. Sie wird dadurch aufgenommen, daß man den Belastungsstrom schnell steigen läßt, in wenigen Sekunden bis zum Kurzschluß und dann wieder auf null zurückgehen läßt. Der Vorgang beansprucht so wenig Kapazität, daß der Entladezustand der Zelle nicht verändert wird. Aufgetragen wird $R_i = f(U_k)$. Die Stufen werden bestimmten Partialreaktionen hier in den positiven Elektroden zugeordnet.

Stufe A gehört zur Reduktion $AgO \longrightarrow Ag_2O$,
Stufe B zu $Ag_2O \longrightarrow Ag$,
Stufe C gehört zur Reduktion von $\alpha\text{-}MnO_2 \longrightarrow Mn_3O_4$,
Stufe D zu $\gamma\text{-}MnO_2 \longrightarrow \alpha\text{-}MnOOH$,
Stufe E zu $\beta\text{-}MnO_2 \longrightarrow \gamma\text{-}MnOOH$.

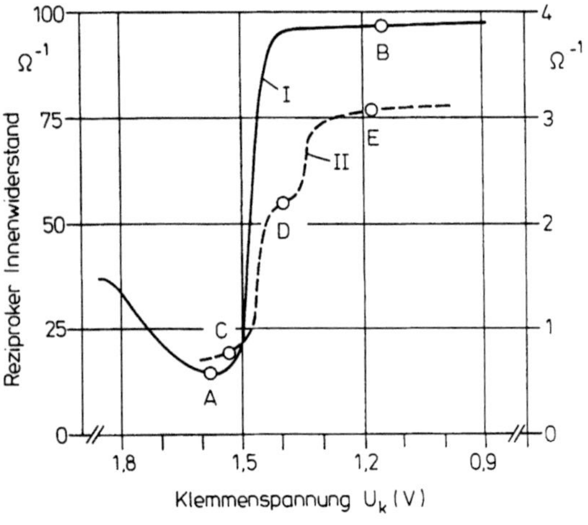

Abb. 54. Innenwiderstands-Spektren von galvanischen Elementen. I Zink/Silber-Akkumulator, 20 Ah, linke Skala. A 15 Ohm^{-1}, B 82 Ohm^{-1}. II Trockenzelle, Monozelle IEC R 20, rechte Skala. C 0,8 Ohm^{-1}, D 1,4 Ohm^{-1}, E 0,9 Ohm^{-1}

Man kann aus der Höhe der Stufe Schlüsse auf den Anteil des jeweiligen Vorgangs an der Stromlieferung, aus der Breite Schlüsse auf den Existenzbereich der Phasen ziehen.

8.3.3 Autoradiographie und andere radiochemische Methoden

Mit Hilfe von Autoradiogrammen kann z.B. die Antimon-Wanderung (mit ^{124}Sb), die Sulfat-Bildung auf der Oberfläche der Platten (mit ^{35}S) oder im Platteninneren (mit ^{75}Se) von Bleiakkumulatoren untersucht werden. Die Anwendbarkeit der Perkolationstheorie [59] auf die Elektronenleitfähigkeit und die Untersuchungen mit dem Mikroskop (vgl. Abschn. 8.3.5) zeigen bereits, daß in den entladenen Platten voll durchentladene und nicht entladene Volumenelemente vorliegen. Das ist anders als bei der Oxidation von Bleistaub, bei der sich Oberflächenschichten aus Oxid auf metallischen Kernen bilden [65].

Diese Körnigkeit zeigt sich auch auf den Radiogrammen von Blei- oder Bleidioxid-Platten, die in markierter Schwefelsäure entladen worden sind (vgl. Abb. 55 und 56, nach [66]). Schwefel-35 ist ein β-Strahler mit der Maximalenergie 167 keV. Die Halbwertsdicke ist etwa 3 mg/cm^2. Das ergibt in Luft rund 2,5 cm, in den Platten aus Bleiakkumulatoren 5 bis 6 µm. Man erhält also nur Aussagen über eine dünne Oberflächenschicht. Abbildung 55 zeigt das Radiogramm einer an-entladenen negativen Platte. Sie ist hinter einem Kiefernholz-Separator entladen worden, dessen Struktur sich deutlich abgebildet hat. Die dunklen Schatten sind Partien der Platte, die als Folge eines höheren Widerstandes im Separator schlechter gearbeitet haben als die übrige Platte. In der Schlußphase der Entladung wird das bei entsprechend reduzierter Klemmenspannung nachgeholt.

Autoradiogramme können leicht vergrößert werden (vgl. Abb. 56), doch sehr weit kann man die Vergrößerung nicht treiben, weil die β-Teilchen in den Photoschichten eine Verschmierung der Schwärzungsgrenzen über etwa 10 µm hervorrufen. Immerhin kann man aus Abb. 56 entnehmen, daß die positiven Platten eine Körnung im Bereich von einigen Zehntel mm haben. Die hellen Stellen in Abb. 56 sind nicht-entladenes PbO_2.

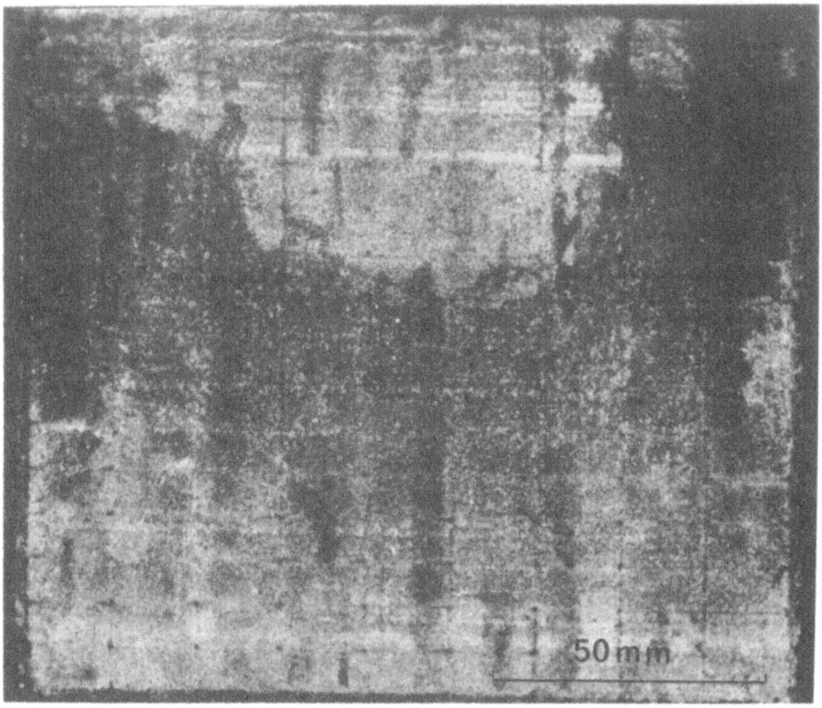

Abb. 55. Autoradiogramm einer an-entladenen negativen Gitterplatte aus einem Bleiakkumulator. De-Starterplatte, 2,2 mm dick, entladen 6 h lang mit 0,5 A entsprechend rund 25 % in 400 cm^3 Schwefelsäure (d = 1,28 g/cm^3, 20°C), markiert mit 0,9 Millicurie ^{35}S pro Liter. Photographisches Positiv, Sulfat-Ablagerungen hell. Nach [66]

Von der Anwendung anderer radiochemischer oder radiologischer Verfahren ist die Untersuchung des Austausches von Ionen aus der Lösung mit Elektrodensubstanzen zu nennen. Ihre Geschwindigkeit steht offenbar in einem engen Zusammenhang mit der elektrochemischen Wirksamkeit von Elektroden oder Elektrokatalysatoren. Radiochemisch kann man auch die Bildung von Cadmaten oder Argentaten untersuchen. Die Messung der Absorption von Röntgenstrahlen, γ-Strahlen oder Neutronen kann dazu dienen, die Pastierung von Gitterplatten in Bleiakkumulatoren, die Imprägnierung von Sinterplatten mit Cadmium und die Herstellung von Braunstein-Elektroden zu überwachen. Die meisten dieser Methoden können sowohl punktförmig, an den Herstellungsmaschinen automatisch oder in den Laboratorien mit Scannern flächig angewendet werden.

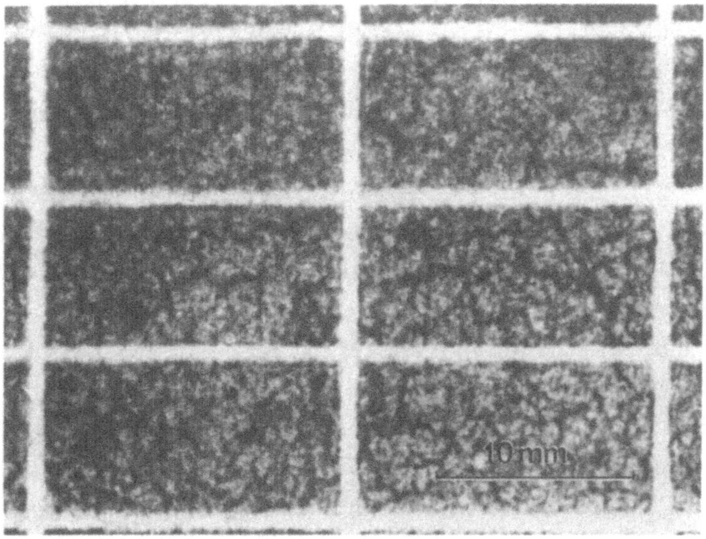

Abb. 56. Vergrößertes Autoradiogramm einer an-entladenen positiven De-Platte. Bedingungen wie in Abb. 55. Photographisches Negativ, Sulfat dunkel. Nach [66]

Natürliches Cd, ^{6}Li, natürliches Hg und besonders einige Lanthanide absorbieren thermische Neutronen sehr stark. Deshalb sind Messungen der Neutronenabsorption zur Überwachung von Sinterplatten und Sinterfolien mit Cadmium gut geeignet. Es ist auch möglich, die Verteilung des Lithiums in Nickelhydroxid oder die Amalgamierung von Zink zu untersuchen. Eine neue Anwendung scheint sich dadurch zu eröffnen, daß man mit einer "schnellen" Neutronenaktivierung Aussagen über die Spuren von Sauerstoff im Zink gewinnen kann, die für seine mehr oder weniger gute Verarbeitbarkeit entscheidend sein könnten.

8.3.4 Farbphotographie als Hilfsmittel

Autoradiogramme, Röntgenaufnahmen, Thermogramme und Ultraschallbilder kann man erfahrungsgemäß wesentlich besser interpretieren, wenn man sie in Äquidensiten umsetzt, am besten in Farbäquidensiten. Manche Geräte liefern sogar bereits farbige Schirmbilder als Display, viele Szintillographen (Scanner) haben bereits mehrfarbige Druckwerke. Photographiert man z.B. zeitliche Sequenzen von Autoradiogrammen hinter verschiedenen Farbfiltern, so zeigt das Farbbild das Fortschreiten der Entladung einer PbO_2-Elektrode oder ihre Alterung. Über die farbige Darstellung von Aufnahmen mit der Röntgenmikrosonde wird im nächsten Abschnitt berichtet.

Ein besonders einfaches Verfahren ist die Ermittlung des pH-Wertes oder seiner örtlichen Verteilung mit Hilfe von Universalindikatoren. Auf diese Weise ist der in Abb. 57 gezeigte Anstieg des pH-Wertes in der positiven Elektrode einer Trockenzelle während der Entladung ermittelt. Die obere Kurve zeigt den Verlauf der Klemmenspannung. Der Anstieg des pH-Wertes um 3,5 Stufen verursacht einen Rückgang des Potentials um 0,25 V. Deshalb liegt es nahe, pH-stabilisierende Zusätze in die Zellen zu bringen. Sie müssen aber eine sehr hohe volumen-spezifische Kapazität haben, was die Auswahl beschränkt. Abbildung 58 zeigt den Einfluß

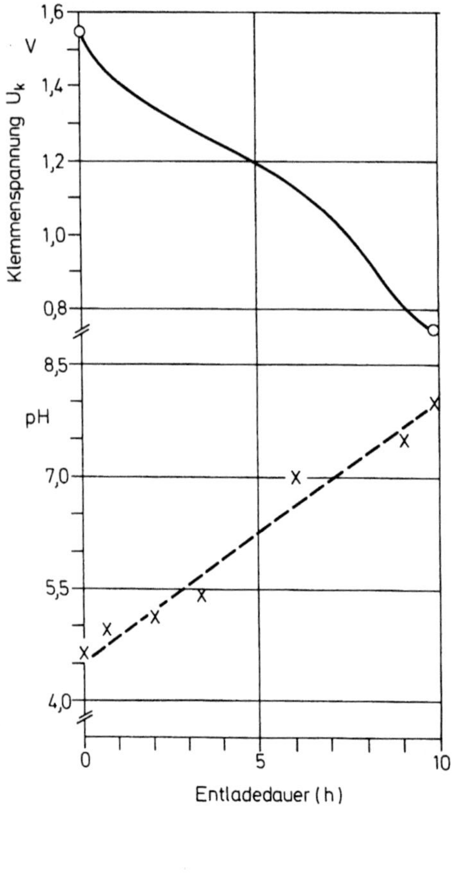

Abb. 57. Zeitliche Änderung des pH-Wertes in einer positiven Braunstein-Ruß-Elektrode (Monozelle, IEC R 20). Kontinuierliche Entladung über 6,5 Ohm, Zimmertemperatur. *Oben:* Klemmenspannung

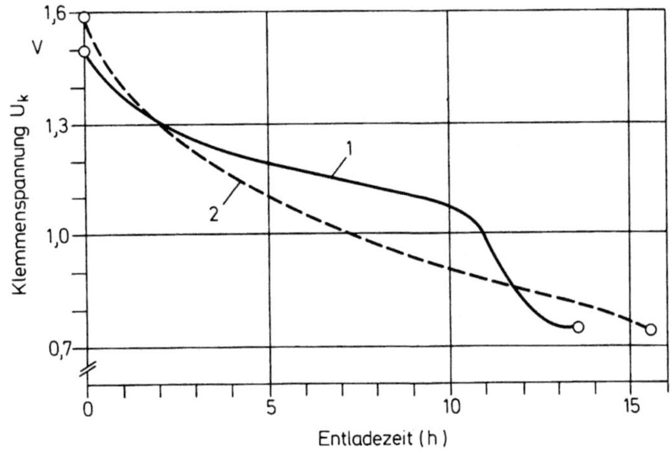

Abb. 58. Entladekurven von Monozellen, IEC R 20, bei kontinuierliche Entladung durch 10 Ohm bei 20°C. *1* pH-stabilisiert, U_o = 1,53 V, I_k = 7,5 A, *2* käufliche Zelle, U_o = 1,62 V, I_k = 8,0 A

des Zusatzes von sauren Fluoriden, die den Elektrolyten bei pH 5 stabilisieren. Entsprechende Zellen haben leider keine ausreichende Lagerfähigkeit.

8.3.5 Elektronenmikroskopie

Die Abbildungen 59 und 60 sind Beispiele von Aufnahmen im Durchstrahl-Mikroskop. Die pocken-narbigen Kugeln in Abb. 59 oben sind chemisch gefällter Braunstein. Sie sind während der Reduktion einer alkalischen Permanganat-Lösung langsam gewachsen. Die Struktur der Kugeln deutet ein System von winzigen Poren an, deren Durchmesser um 10 nm liegt. Die Vorstellung, daß positive Batterie-Elektroden aus kugelförmigen Teilchen bestehen, ist also im Fall von Kunstbraunstein richtig. Der gemahlene Braunstein besteht aus unregelmäßigen Trümmern; Abb. 59 unten zeigt eine sehr feine Siebfraktion. Die Kornverteilung reicht von 0,03 bis 50 µm.

Luftsauerstoff-Elektroden bestehen aus kleinen, sehr dünnen Plättchen von Aktivkohle. Ihre Porenstruktur reicht bis zu 1 nm herunter. Das Durchstrahl-Mikroskop erlaubt es, durch einfaches Kippen des Objektes Stereo-Aufnahmen herzustellen (vgl. Abb. 60).

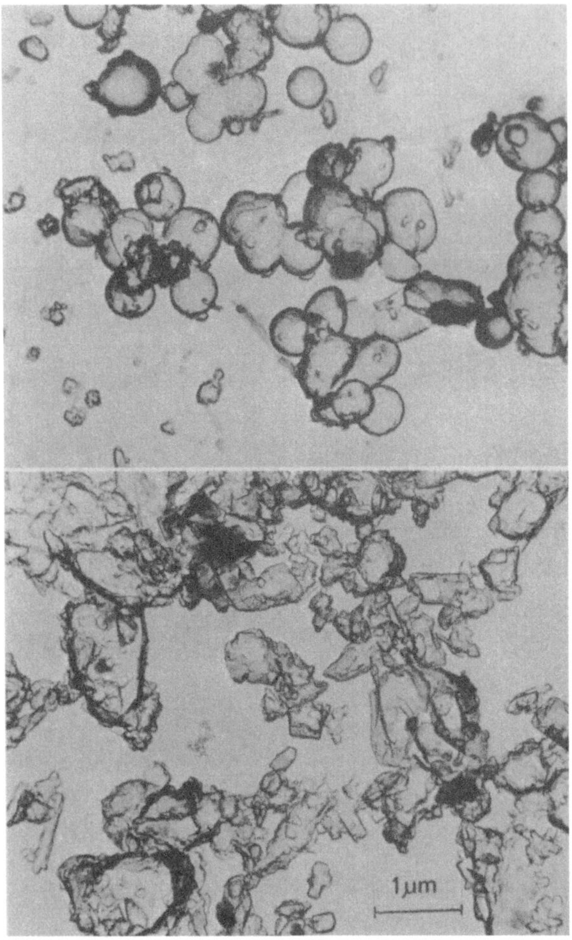

Abb. 59. Gefällter Kunstbraunstein (oben) und gemahlener Naturbraunstein (unten) im Durchstrahlungs-Elektronenmikroskop (Kohle-Abdruckverfahren)

Diese Aufnahmen ergeben bei beidäugiger Betrachtung einen Stereo-Eindruck, der im Stereo-Komparator sogar ausgewertet werden kann. Im allgemeinen werden im Durchstrahlungsmikroskop Kohleabdrücke untersucht. Man kann aber durchaus die Substanzen selbst einbringen. Das ist vorteilhaft, wenn an Teilen der Probe Elektronenbeugungs-Aufnahmen gemacht werden sollen. Vielfach lassen sich mineralische Einschlüsse, Verunreinigungen usw. so identifizieren. Allerdings müssen die Proben dazu im Vakuum beständig sein, und viele wasserreiche Stoffe sind das nicht.

Einen ungeheuren Aufschwung erhielt die Elektronenmikroskopie

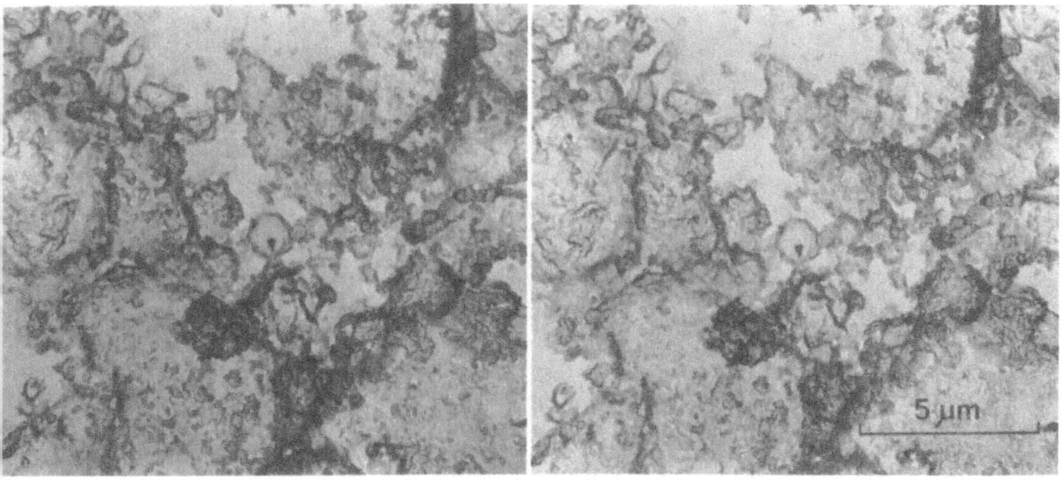

Abb. 60. Stereo-Aufnahme im Durchstrahlungs-Elektronenmikroskop. Eisenmasse, geladen. Mittenabstand im Original 62 mm

durch das Abtastverfahren. Moderne Raster-Elektronenmikroskope sind heute praktisch jedem Batterie-Laboratorium zugänglich. Abbildung 61 zeigt einige Beispiele.[28] Die normalen Aufnahmen im Raster-Mikroskop sind Abbildungen der Sekundär-Elektronen. Nimmt man statt dessen hinter einem Monochromator die charakteristische Röntgenstrahlung auf, so kann man auch die Verteilung bestimmter Elemente in der Probe ermitteln. Abbildung 62 zeigt eine Antimon-Verteilung, aufgenommen im Licht der Sb-K_a-Linie in einer Röntgen-Mikrosonde.

Taucht man eine halbentladene Bleielektrode nach dem Waschen in eine verdünnte Lösung von Kupfersulfat, so überziehen sich freie Bleiflächen mit Kupfer. In der Röntgen-Mikrosonde erkennt man im Licht der Cu-K_a-Linie, daß auch nach der halben Entladung noch freie Blei-Flächen vorhanden sind, die regellos zwischen dem Sulfat liegen. Ihre Abmessungen sind 0,5 bis 25 µm. Es ist auch möglich, die Dicke des niedergeschlagenen Kupfers zu schätzen: bis rund 2 µm. Photographiert man die Cu-Verteilung hinter einem Rotfilter, die Blei-Verteilung hinter einem Blau- und die Schwefel-Verteilung hinter einem Gelbfilter aufeinander, so

---

[28] Den Herren G. Kuhn und Th. Neikes danke ich für die Überlassung von Abb. 61, Herrn Prof. Dr. E. Saur für Abb. 62

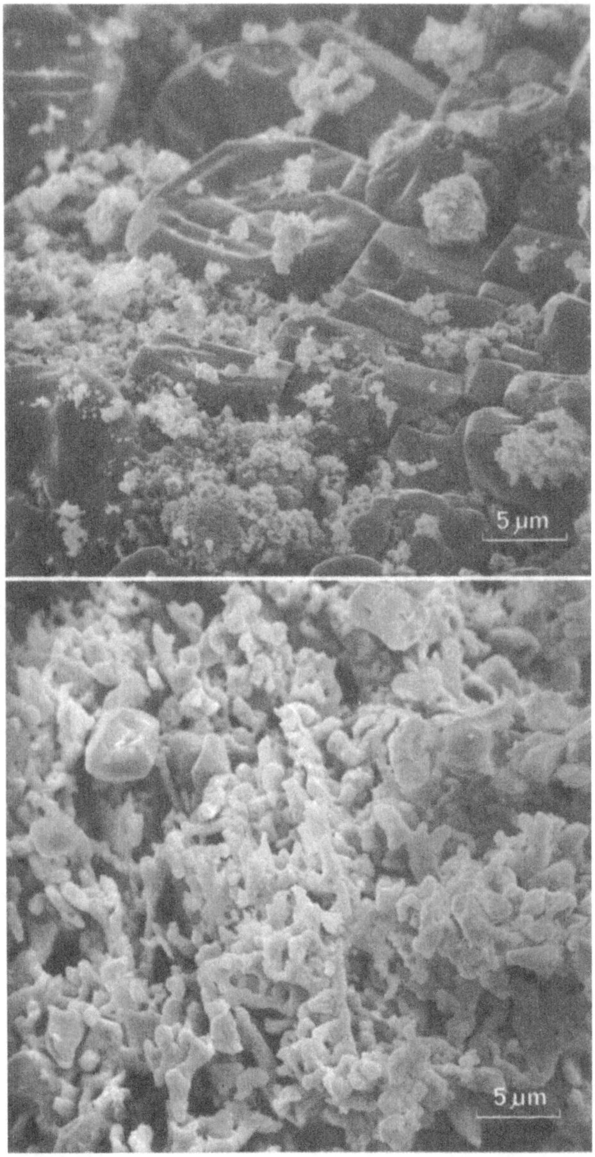

Abb. 61. Positive (oben) und negative Gitterplatte (unten) aus Blei-Kleintraktionsbatterie, teilentladen, nach 6 Zyklen. Die groben Brocken sind $PbSO_4$, die feinen PbO_2 bzw. Pb. Raster-Elektronenmikroskop, Sekundärelektronen

erhält man ein eindrucksvolles mikroskopisches Bild der Fläche. Das Pb-Bild und das S-Bild decken sich nicht völlig, so daß also neben Pb und $PbSO_4$ noch andere Verbindungen anwesend sein müssen. Wahrscheinlich handelt es sich um Reste von PbO aus dem Bleistaub.

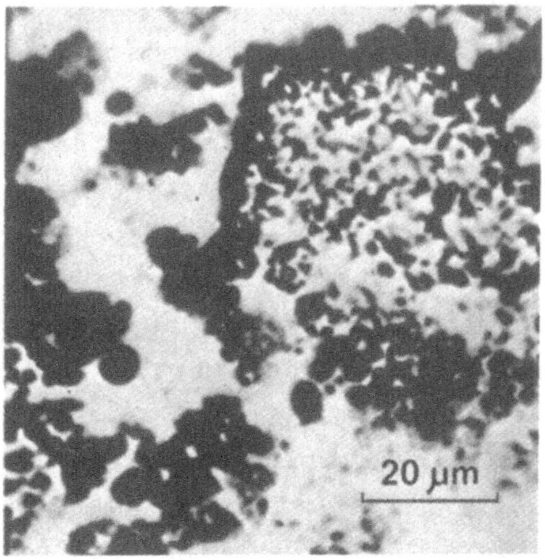

Abb. 62. Verteilung von Antimon auf einer negativen Pb-Gitterplatte aus einer Starterbatterie, die 2 Jahre in einem Pkw benutzt worden war. Röntgen-Mikrosonde, photographisches Negativ; schwarz: Antimon, weiß: Pb, $PbSO_4$ oder Poren

Zur Untersuchung zeitlicher Abläufe eignet sich die Mikrosonde nicht, weil man die zu untersuchende Stelle auf dem Objekt nicht wiederfindet.

8.3.6 Röntgen- und Elektronenbeugung

Röntgen-Beugungsanlagen, heute meist ausgerüstet mit automatischem Goniometer, Monochromator und Energiediskriminator, gehören zur normalen Ausrüstung eines Batterie-Laboratoriums. Mit ihrer Hilfe sind die komplizierten Verhältnisse in den Pb- und PbO_2-Platten während der Formation, die vielen MnO_2-Modifikationen und die Phasen in den Nickel-Elektroden aufgeklärt worden. Dazu kommt, daß diese Geräte heute bereits vielfach für die Rohstoffkontrolle benutzt werden.

Viele Durchstrahl-Elektronenmikroskope sind mit einer Einrichtung zur Beugung an eng begrenzten Objekt-Teilen ausgerüstet. Mit ihrer Hilfe war es z.B. möglich, zu zeigen, daß der Goldküsten-Braunstein ein Konglomerat von 20 % β-MnO_2 und 80 % γ-MnO_2 ist, also nicht etwa eine Überstruktur oder eine feste Lösung. Die kristallinen Einschlüsse von β-MnO_2 haben eine Korngröße von weniger als 10 µm. Würde man das Erz so weit herunter mahlen, so könnte man die beiden Modifikationen in einem elektrischen Feld trennen. β-MnO_2 ist ein Ferro-Elektrikum mit ziemlich hoher,

γ-MnO_2 ist ein normales Dielektrikum mit niedriger Dielektrizitätskonstante (allerdings leiten beide relativ gut).

Im Prinzip liefern Röntgen- und Elektronenbeugung die gleiche Information, weil Röntgenstrahlen und Elektronen beide an der Elektronenhülle gestreut werden. Wertvolle zusätzliche Informationen dagegen kann man aus Beugungsversuchen mit thermischen Neutronen erhalten. Sie werden an den Atomkernen gestreut, und die Streufaktoren von nahe benachbarten Nukliden können sich erheblich unterscheiden. So konnten Handtmann und Reuter [67] den Strukturparameter der Sauerstoff-Plätze im β-PbO_2 zu $p = 0{,}307 \pm 0{,}003$ ermitteln. Mit Hilfe der Neutronenbeugung ist es auch möglich, die verschiedenen Modifikationen von Bleioxiden in den tieferen Schichten einer Pb- oder PbO_2-Elektrode prozentual zu ermitteln.

8.3.7 Spin-Resonanz-Verfahren

In einem Spin-Resonanz-Spektrometer ist die zu untersuchende Probe in gekreuzten magnetischen Gleich- und Hochfrequenzfeldern angeordnet. Bei bestimmten zusammengehörenden Paaren der magnetischen Gleichfeldstärke und der Hochfrequenz tritt ein Maximum der Absorption auf, das durch die Präzession der Atomkerne oder der Elektronen hervorgerufen wird. Um das ganze Spektrum zu erhalten, wird das Gleichfeld langsam verändert, während die Hochfrequenz konstant gehalten wird. Ein überlagertes kleines Wechselfeld erzeugt die Ableitung des Absorptionssignals nach der Zeit.

Man hat zu unterscheiden zwischen der magnetischen Kernresonanz (NMR) und der paramagnetischen Elektronenresonanz (EPR). Die Frequenz der magnetischen Kernresonanz hängt stark von der Masse des präzessierenden Kernes ab (Tabelle 39). In Batterien mit wäßrigem Elektrolyten ist das Proton der am meisten interessierende Kern. Die Form, d.h. Breite und Höhe des Resonanzsignals bei der NMR hängt von der Bindungskraft zwischen dem Oxid-Gitter und den Wasserstoff-Atomen, den OH-Gruppen oder den Wassermolekülen ab. Die charakteristische Größe des Signals ist seine Breite. Die Ergebnisse von sechs Braunstein-Untersuchungen

Tabelle 39. Spinresonanzfrequenz f bei 1 Tesla (rd. 10 000 Gauss)

Kern	f (MHz)	natürl. Isotopenhäufigkeit (Gew.-%)	relative Intensität
H	42,58	99,98	100
D	6,5	0,02	0,02
O-17	5,8	0,04	0,03
Mn-55	10,6	100	0,18
Zn-67	2,64	4,1	0,003
Cd-113	9,44	12,3	0,01
Pb-207	8,90	21,1	0,009

zeigt Tabelle 40. Man erkennt einen deutlichen Zusammenhang zwischen Wassergehalt und Breite. Eine mögliche Erklärung könnte sein, daß in den künstlich hergestellten Braunsteinen das Wasser weniger fest an das Gitter gebunden ist und sich deshalb mehr wie freies Wasser verhält. Dadurch wird aber die Dämpfung kleiner, und das Signal wird schmaler als bei den natürlichen Braunsteinen.

Weil die Elektronenmasse wesentlich kleiner als die Masse von Atomkernen ist, liegt die Resonanzfrequenz von Elektronen bei der EPR-Spektrometrie wesentlich höher. Bei etwa 0,35 Tesla präzessieren die Elektronen mit einer Frequenz von rund 9300 MHz. Paramagnetische Elektronenresonanz (EPR) tritt in Substanzen auf,

Tabelle 40. Breite ΔB in Gauss des Dispersionssignals der Protonenspinresonanz von pulverförmigen Braunstein-Proben, nach [55]. NMD: Naturbraunstein, EMD: Elektrolytbraunstein, CMD: Kunstbraunstein, W: Wassergehalt, ermittelt durch 3 h Trocknen bei 110°C

Braunstein	Modifikation	W (%)	ΔB
NMD Kaukasus	β	2	2,6
NMD Goldküste	$\beta + \gamma$	1,5	3,6
EMD Italien	γ	3	4,3
EMD Japan	γ	4	3,1
CMD Australien	α	8	1,3
CMD Deutschland	amorph	12	0,9

die ungepaarte, freie Elektronen haben. Er beruht auf dem magnetischen Zeeman-Effekt, d.h. auf der Aufspaltung von Energietermen in der Elektronenschale als Folge magnetischer Felder. Da die magnetische Kopplung im Vergleich zu anderen Einflüssen relativ gering ist, wird die EPR kaum durch das Feld des Kristallgitters gedämpft. Die EPR-Spektren zeigen deshalb auch bei festen Stoffen eine ausgezeichnete Auflösung. Mit Hilfe der EPR erhält man bessere Informationen über die Konzentration von paramagnetischen Zentren in den Proben. Die Spektren werden durch die Wahrscheinlichkeit geformt, mit der sich das ungepaarte Elektron in einem größeren Molekül oder in einem Kristall in der unmittelbaren Umgebung eines bestimmten Atoms aufhält. EPR-Spektroskopie ist die bestgeeignete Methode, um Fein- und Hyperfeinstrukturen der Elektronenterme in Festkörpern zu ermitteln. In der Chemie wird EPR bereits in großem Umfang dazu benutzt, um freie Radikale zu beobachten, die z.B. als Zwischenstadien bei organischen Reaktionen auftreten, oder die durch Bestrahlung gebildet worden sind.

Weil die weiter verbreiteten diamagnetischen Verbindungen häufig in paramagnetische angeregte Zustände überführt werden können, ist die Anwendungsbreite der EPR weit weniger eingeengt, als man zunächst annehmen könnte. Wenn man weiter bedenkt, daß viele diamagnetische Verbindungen elektrolytisch in eine Wertigkeit gebracht werden können, bei der sie eine ungerade Elektronenzahl haben, so erkennt man, daß diese neue Technik an den Batterie-Laboratorien nicht vorbeigehen wird [68].

8.3.8 Elektrische Messungen an Pulvern

Jean Brenet [24] hat als erster die Aufmerksamkeit der Batterie-Forscher auf die Bänderstruktur der Elektronenterme in den aktiven Bestandteilen der Batterien gelenkt. Er hat speziell die Elektronenbänder von β-MnO_2 untersucht. Tatsächlich sind die aktiven Substanzen in den Batterie-Elektroden meist Halbleiter. Häufig sind sie den bekannten II-VI-Halbleitern wie CdS oder ZnO entfernt ähnlich. Durch gedankliche Analogieschlüsse war es Brenet möglich, eine Abschätzung der Elektronenstruktur vorzunehmen. Danach ist β-MnO_2 ein n-Leiter mit komplizierter Bänderanordnung, eine Feststellung, die gut mit experimentellen Ergebnissen vieler Autoren übereinstimmt. Die von Brenet geschätzte Bänderstruktur von β-MnO_2 kann aber naturgemäß nur ein Anfang sein. Die besonders wichtige Rolle der Bänderstruktur für die elektrische Leitfähigkeit ebenso wie für die Redox-Eigenschaften von Festkörpern ist inzwischen allgemein anerkannt. Deshalb sollten wir nicht zögern, in dieses neue Forschungsgebiet einzudringen. Ein besonderer Teil unserer zukünftigen Arbeiten auf diesem Gebiet wird darin bestehen, die Eigenschaften der Elektroden durch Dotieren mit geeigneten Zusätzen oder durch Bestrahlen mit schweren Teilchen zu verbessern. Besondere Erscheinungen gibt es in der Nähe der Grenzfläche zwischen festen Halbleitern und flüssigen Elektrolyten. Wenn Redox-Wechselwirkungen zwischen der festen und der flüssigen Phase auftreten, kommt es meist zu Bandverbiegungen. Es können diskrete Oberflächenzustände (traps) mit kompliziertem Energiespektrum auftreten, und schließlich ist der Abstand zwischen den Atomen in den äußersten Atomlagen merklich vergrößert. Da ja die Oberfläche der Festkörper für die chemische Aktivität entscheidend ist, wird es wichtig, diese Eigenschaften zu kennen. Wenn erst einmal die Elektronenbänder im Inneren der Elektrodensubstanzen bekannt sind, wird es sicher der nächste Schritt sein, auch ihre Oberflächenzustände genau zu erforschen.

Bei den Geräten zur Beobachtung der Beugung von niederenergetischen Elektronen (LEED) werden Elektronen mit einer Energie von 10 bis 15 eV erzeugt und in einer Ultra-Hochvakuumkammer senkrecht auf die zu untersuchende Oberfläche geschleudert. Sie dringen wenige Atomlagen tief ein und verursachen ein rückwärts gestreutes Beugungsbild, das vom Oberflächengitter der Probe stammt. Es ist zu bezweifeln, ob sich diese Methode für Batteriewerkstoffe eignet, weil die Oberflächen sehr sorgfältig gereinigt werden müssen (was nur durch längeres Ausheilen bei erhöhter Temperatur erfolgen kann). Dadurch aber können die tatsächlichen Eigenschaften der Batteriewerkstoffe wesentlich verändert werden.

Frisch gemahlene oder gebrochene Oberflächen harter Feststoffe, Metalle ebenso wie Halbleiter, zeigen eine merkliche Elektronen-Emission, die während einiger Stunden langsam abnimmt. Diese "Exo-Elektronen-Emission" (EEE) oder "Elektronen-Nachemission"

(EAE) kann in der Luft leicht mit Hilfe eines einfachen Spitzenzählers oder eines Geiger-Müller-Zählrohres beobachtet werden. Deshalb kann die Methode auch auf wasserhaltige Stoffe angewendet werden, wie wir sie meist in den Batterien vor uns haben. Man hat sich wohl vorzustellen, daß während des Mahlens oder Brechens neue Oberflächen erzeugt werden, einschließlich ihrer Oberflächenzustände, und daß diese durch den gleichen Vorgang zu einem erheblichen Teil mit Elektronen angefüllt sind. Die "flachen" traps können ihre Elektronen spontan unter dem Einfluß der Wärmebewegung abgeben, was eine gewisse Zeit erfordert. Elektronen in "tiefen" traps aber können über lange Zeiträume darin festgehalten werden, eventuell über Monate oder sogar Jahre. Die Emission der fest gebundenen Elektronen kann durch Wärme oder Licht stimuliert werden. Damit wird es möglich, die Energieverteilung der Oberflächenzustände zu beobachten und daraus elektrochemische Schlüsse zu ziehen.

9 Anhang

Tabelle 41. Aus der Geschichte der Batterietechnik

200 v.Chr.	Erste galvanische Zellen bei den Parthern
1756	Antonio Caldani beobachtet Muskelzuckungen bei Funken
1789	Luigi Galvani beobachtet zuckende Froschschenkel bei Berührung mit zwei verschiedenen Metallen
1799	Alessandro Volta erfindet die Primärbatterie
1802	Johann Wilhelm Ritter erfindet den Akkumulator
1839	William Robert Grove erfindet die Brennstoffzelle
1854	Joseph Sinsteden: Prinzip des Bleiakkumulators
1859	Gaston Planté: technisch brauchbarer Bleiakkumulator
1866	Werner Siemens: dynamoelektrisches Prinzip
vor 1866	Georges Leclanché: Zink/Salmiak/Braunstein-Zelle
1881	Camille Faure erfindet die Pastierung der Platten
1881	Erfindung der Gitterplatten
1881	Patente von Charles Brush
1883	C.L. Clarke erfindet den Silber/Zink-Akkumulator
um 1883	Henri Tudor erfindet die Großoberflächenplatte
1899	Waldemar Jungner entwickelt den Nickel/Cadmium-Akkumulator
1900	Thomas Alva Edison entwickelt den Nickel/Eisen-Akkumulator
1902	negative Kastenplatten
1904	Holzbrettchen als Separatoren
1914	elektrische Grubenlampen

Tabelle 41 (Fortsetzung)

1919	Wilhelm Pörscke erfindet Trockenzellen mit synthetischem Braunstein und $MgCl_2$-Lösung als Elektrolyt
1921	E.W. Smith in England erfindet die Panzerplatte
1928	Beginn der Arbeiten an gasdichten Akkumulatoren
1931	Erfindung mikroporöser Hartgummi-Separatoren
1935	Alkalische Akkumulatoren mit Sinterplatten
1940	Traktionsbatterien mit Dreifach-Separator
1950	trocken vorgeladene Starterbatterien
1954	neue Bauarten von Panzerplatten: PzS-Platten
1956	aus Polyvinylchlorid-Pulver gesinterte Separatoren
1965	ungefüllt geladene Starterbatterien
1967	Starterbatterien mit Blockdeckel und Bodenbefestigung
1967	Super-Dry-Trockenzellen mit $ZnCl_2$-Lösung als Elektrolyt
1970	Starterbatterien in Polypropylenkästen
1972	wartungsfreie Starterbatterien

Tabelle 42. Zeittafel für die Geschichte der wesentlichen Systeme: Primärzellen (P), Akkumulatoren (A) und Brennstoffzellen (B)

	1789	L. Galvani	Versuch mit Froschschenkeln
P	1800	A. Volta	Zn/Salzwasser/Ag
A	1805	J.W. Ritter	Cu/Salzwasser/Cu
B	1838	W.R. Grove	$H_2/H_2SO_4/O_2$
P	1836	J.F. Daniell	$Zn/ZnSO_4/CuSO_4/Cu$
P	1836	W.R. Grove	$Zn/H_2SO_4/HNO_3$ (Pt)
P	1839	R.W. Bunsen	$Zn/H_2SO_4/HNO_3$ (C)
P	1842	J. Poggendorff	$Zn/H_2SO_4/CrO_3$ (C)
B	1845	W.R. Grove	allgemein aufgefaßte Brennstoffzelle
B	1855	A.C. Becquerel	feste Kohle als Brennstoff u. schmelzflüssiger Elektrolyt
A	1854	J. Sinsteden } unabhängig	Bleiakkumulator
A	1859	G. Planté } unabhängig	Bleiakkumulator
P	1864/69	G. Leclanché	$Zn/NH_4Cl/MnO_2$ (C)
P	1880	Fabri u. Ravaglia	$Zn/NaOH/O_2$ (C)
P,A	1881	F. de Lalande u. G. Chaperon	Zn/NaOH/CuO
A	1881	C. Faure	pastierte Pb- u. PbO_2-Platten
P	1882	O. Leuchs	$Zn/NaOH/MnO_2$
P	1883	C.L. Clarke	$Zn/NaOH/Ag_2O$
P	1884	C.L. Clarke	Zn/NaOH/HgO
A	1887	A. Dun u. F. Haßlacher	$Zn/NaOH/Ag_2O$

Tabelle 42 (Fortsetzung)

P	1890	C. Faure	Fe/NaCl/Luft(C)
P	1891	T.H. Nash	Zn/NH_4Cl/Luft(C)
A	1899	E.V. Jungner	Cd/KOH/NiOOH
A	1901	T.A. Edison	Fe/KOH/NiOOH
B	1904/11	F. Haber u. seine Schüler	Festelektrolyte in Brennstoffzellen
B	1911	M.L. Potter	biologische Brennstoffzellen
B	1923	A. Schmid	Gasdiffusions-Elektroden
A	1928	G. Pfleiderer, F. Spoun, P. Gmelin u. K. Ackermann	Sinterplatten f. alkalische Akkumulatoren
A	1951	G. Neumann	gasdichte Cd/NiOOH-Akkumulatoren

Tabelle 43. Zeittafel für einige der unkonventionellen Systeme für elektrochemische Primärzellen (P), Akkumulatoren (A) und Brennstoffzellen (B). AVA: ammonia vapour activated, FE: Füllelement, fE: fester Elektrolyt, IAM: Ionenaustauscher-Membran als Elektrolyt, ogE: organisch gelöster Elektrolyt, SE: Schmelzelektrolyt, th A: durch Schmelzen des Elektrolyten aktiviert

P	1928	$Mg/NH_4Cl/MnO_2$
A	1930	Zn/KOH/NiOOH Drumm-Akkumulator
P	1936	Zn/ogE/MnO_2 für tiefe Temperaturen
B	1937	CH_4/Na_2CO_3 SE/O_2
P	1940	(geheim) $Mg/MgCl_2/Cl_2$ als Torpedo-Antrieb
P	1940	(geheim) $Zn/Na_2SO_4 \cdot 10\,H_2O$ th A/PbO_2 für Zünder
P	1943	$Mg/NaCl/Cu_2Cl_2$ FE für Wetterballons
A	1949	Redox-Akkumulator für Windkraftanlagen
B	1956	H_2/IAM/O_2 für Gemini-Raumflüge
P	1959	Mg/KCNS in NH_3/PbO_2 AVA für militärische Anwendung
B	1966	H_2/KOH th A/O_2 für Apollo-Raumflüge
A	1967	$Na/\beta\text{-}Al_2O_3/S$ fE bei 350 °C für Autoantrieb
A	1968	$Li/LiCl/Cl_2$ SE bei 550 °C für Autoantrieb
B	1968	$H_2/H_2SO_4/O_2$
P	1968	Li/ogE/NiF_2 usw.
A	1969	Pb-Lösungsakkumulator als Großspeicher
P	1970	Li/LiI/I an Perylen fE bei 37 °C für Herzschrittmacher
P	1970	Ag/Ag_4RbI_5/I an Träger fE oberhalb rd. 30 °C

Tabelle 44. Physikalische Konstanten

Boltzmannsche Konstante	$k = 1{,}38 \cdot 10^{-23}$ Ws/K = $8{,}61 \cdot 10^{-5}$ eV/K
für T = 293 K ist	$kT = 4{,}04 \cdot 10^{-21}$ Ws/K = 25,2 meV
Allgemeine Gaskonstante	R = kL = 8,3143 Ws/mol K
für T = 293 K ist	RT = 2440 Ws/mol
der Quotient R/F = 86,1 µV/K ergibt für T = 293 K	RT/F = 25,2 mV
Molvolumen eines idealen Gases	
bei 0°C und 760 Torr	22 414 cm^3/mol
bei 20°C und 760 Torr	24 100 cm^3/mol
Loschmidtsche Zahl	$L = 6{,}022045 \cdot 10^{23}$ Moleküle/mol
für ideales Gas bei 0°C und 760 Torr	$2{,}69 \cdot 10^{19}$ Moleküle pro cm^3
bei 20°C und 760 Torr	$2{,}50 \cdot 10^{19}$ Moleküle pro cm^3
Elementarladung	$e = 1{,}60210 \cdot 10^{-19}$ As
Faradaysche Konstante	F = eL = 96487 As/Äquivalent
1 As zersetzt 0,0892 mg Wasser	= 26,8 Ah/Äquivalent
1 Ah zersetzt 0,322 g Wasser	
Ruhmasse des Elektrons	$m_o = 8{,}98 \cdot 10^{-28}$ g
Energie-Äquivalent	511,01 keV
spezifische Ladung	$e/m_o = 1{,}7588 \cdot 10^{8}$ As/g
Masse des Protons	$m_p = 1{,}67252 \cdot 10^{-24}$ g
Energie-Äquivalent	954 MeV
Lichtgeschwindigkeit im Vakuum	$c_o = 2{,}997925 \cdot 10^{8}$ m/s
Induktionskonstante	$\mu_o = 4\pi \cdot 10^{-7}$ H/m = $1{,}25664 \cdot 10^{-6}$ H/m
(1 H/m ≡ 1 Vs/Am)	
Influenzkonstante	$\varepsilon_o = 8{,}8542 \cdot 10^{-12}$ F/m
(1 F/m ≡ 1 As/Vm)	$c_o \mu_o \varepsilon_o = 1$
Impedanz des Vakuums	$\bar{Z}^2 = \mu_o/\varepsilon_o$; Z = 376,73 Ohm
Wirkungsquantum	$h = 6{,}6256 \cdot 10^{-34}$ Ws/Hz
Quantenenergie für	$= 4{,}13 \cdot 10^{-15}$ eV/Hz
100 MHz	$h\nu = 6{,}6 \cdot 10^{-26}$ Ws ≙ 0,41 µeV
NaD-Linien ($5 \cdot 10^{14}$ Hz)	$h\nu = 3{,}4 \cdot 10^{-19}$ Ws ≙ 2,1 eV
CuK_α ($2 \cdot 10^{18}$ Hz)	$h\nu = 1{,}3 \cdot 10^{-15}$ Ws ≙ 8 keV

Tabelle 44 (Fortsetzung)

Stefan-Boltzmannsche Konstante unpolarisierte Strahlung in den Halbraum	$\sigma = 5{,}6697 \cdot 10^{-8}\ W/m^2K^4$
Absoluter Nullpunkt	$t_o = -273{,}15^oC$
Goldpunkt	$1064{,}43^oC \mathrel{\hat{=}} 1337{,}58\ K$
Gravitationskonstante	$f = 6{,}67 \cdot 10^{-11}\ Nm^2/kg$
Erdbeschleunigung in Meereshöhe unter 45° nördl. Breite	$g = 9{,}8062\ m/s^2$
Schallgeschwindigkeit	
in trockener Luft bei 18°C und 760 Torr	$v = 342\ m/s$
in Wasser bei 18°C	$v = 1480\ m/s$
Hörschwelle bei 1 kHz	rd. 20 μPa $\mathrel{\hat{=}} 2.10^{-10}$ bar

Tabelle 45. Periodisches System der Elemente, Langperiodensystem von Alfred Werner.
Neue vereinheitlichte Skala von 1960. Die atomare Masseneinheit entspricht $1{,}66043 \cdot 10^{-24}$ g

																			1.00895 **Nn** 0
Nn	1.0080 **H** 1																		4.003 **He** 2
He	6.940 **Li** 3	9.013 **Be** 4													10.82 **B** 5	12.010 **C** 6	14.008 **N** 7	16.0000 **O** 8	19.00 **F** 9	20.183 **Ne** 10
Ne	22.997 **Na** 11	24.32 **Mg** 12													26.98 **Al** 13	28.09 **Si** 14	30.975 **P** 15	32.066 **S** 16	35.467 **Cl** 17	39.944 **Ar** 18
Ar	39.100 **K** 19	40.08 **Ca** 20	44.96 **Sc** 21		47.90 **Ti** 22	50.95 **V** 23	52.01 **Cr** 24	54.93 **Mn** 25	55.85 **Fe** 26	58.94 **Co** 27	58.71 **Ni** 28	63.54 **Cu** 29	65.38 **Zn** 30	69.72 **Ga** 31	72.60 **Ge** 32	74.91 **As** 33	78.96 **Se** 34	79.916 **Br** 35	83.80 **Kr** 36
Kr	85.48 **Rb** 37	87.63 **Sr** 38	88.92 **Y** 39		91.22 **Zr** 40	92.91 **Nb** 41	95.95 **Mo** 42	(99) **Tc** 43	101.7 **Ru** 44	102.91 **Rh** 45	106.7 **Pd** 46	107.880 **Ag** 47	112.41 **Cd** 48	114.76 **In** 49	118.70 **Sn** 50	121.76 **Sb** 51	127.61 **Te** 52	126.91 **J** 53	131.3 **X** 54
X	132.91 **Cs** 55	139.36 **Ba** 56	138.92 **La** 57	Lan- tha- ni- den	178.50 **Hf** 72	180.88 **Ta** 73	183.86 **W** 74	186.22 **Re** 75	190.2 **Os** 76	193.1 **Jr** 77	195.09 **Pt** 78	197.2 **Au** 79	200.61 **Hg** 80	204.39 **Ti** 81	207.21 **Pb** 82	209.00 **Bi** 83	210 **Po** 84	(210) **At** 85	222 **Rn** 86
Rn	(223) **Fr** 87	226.05 **Ra** 88	227 **Ac** 89	Acti- niden															

Lanthaniden	138.92 **La** 57	140.13 **Ce** 58	140.92 **Pr** 59	144.27 **Nd** 60	(145) **Pm** 61	150.35 **Sm** 62	152.0 **Eu** 63	156.9 **Gd** 64	159.2 **Tb** 65	162.51 **Dy** 66	164.94 **Ho** 67	167.27 **Er** 68	169.4 **Tm** 69	173.04 **Yb** 70	174.99 **Lu** 71
Actiniden	227 **Ac** 89	232.12 **Th** 90	231 **Pa** 91	238.07 **U** 92	(237) **Np** 93	(242) **Pu** 94	(243) **Am** 95	(243) **Cm** 96	(249) **Bk** 97	(249) **Cf** 98	(253) **Es** 99	(254) **Fm** 100	(256) **Md** 101	(253) **No** 102	103

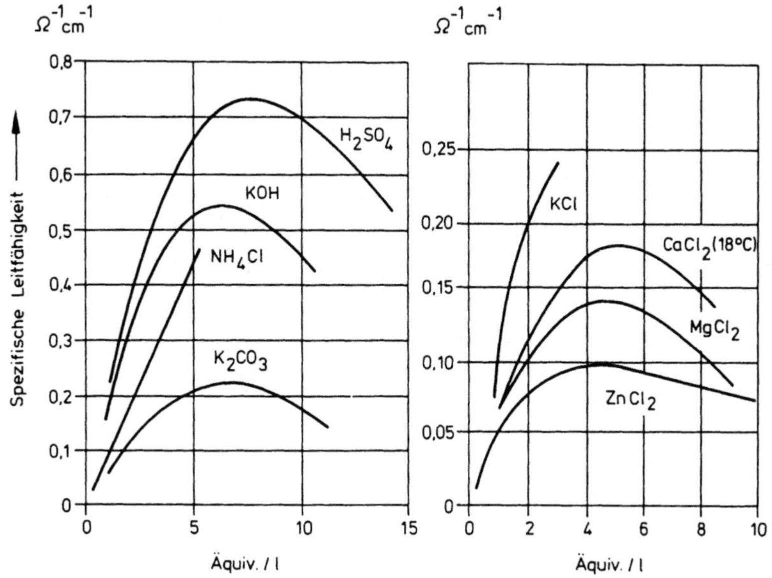

Abb. 63. Spezifische elektrische Leitfähigkeit von wäßrigen Elektrolytlösungen bei 18°C

Tabelle 46. Physikalische Beweglichkeit μ_∞ und anteilige Leitfähigkeit l_∞ von Ionen in Wasser bei 20°C. Grenzwerte für unendliche Verdünnung. $l_\infty = \mu_\infty F$, worin F = 96 487 As/Äquivalent ist

Ion	Molekular-Masse	μ_∞ cm^2/Vs	l_∞ $Ohm^{-1}cm^{-1}$/Äquiv.cm^{-3}
Li^+	6,94	$3,6 \cdot 10^{-4}$	35
Na^+	23,00	4,8	46
K^+	39,10	6,8	66
NH_4^+	18,04	7,0	68
Zn^{++}	65,38	4,8	46
H_3O^+	19,02	33	315
OH^-	17,01	18,2	175
Cl^-	35,47	6,9	66
$SO_4^=$	96,07	7,1	68

Spezifische Leitfähigkeit $\sigma = \mu_\infty F\,k = l_\infty k$ ($Ohm^{-1}cm^{-1}$)
k ist die Konzentration in Äquivalenten pro cm^3

Tabelle 47. Mittlerer Aktivitätskoeffizient $f_\pm$ von Elektrolyten in verdünnten wäßrigen Lösungen bei 25°C. $a = cf_\pm$. Darin Aktivität a (mol/l oder Äquiv./l, mol/cm³ usw.), Konzentration c (in den gleichen Einheiten)

Gelöster Elektrolyt	Konzentration in mol/l						
	0,0005	0,005	0,01	0,02	0,05	0,1	1
KCl	$f_\pm$ = 0,95	0,93	0,90	0,87	0,82	0,77	0,66
NH_4Cl		0,91	0,88	0,85	0,79	0,74	0,57
$ZnCl_2$		0,79	0,73	0,61	0,63	0,55	
H_2SO_4	0,885	0,64	0,54	0,45	0,34	0,38	0,19
KOH			0,92		0,82	0,75	0,68

Tabelle 48. Kationen-Überführungszahl u_+ in wäßriger Lösung bei 25°C

Gelöster Elektrolyt	Konzentration in mol/l		
	0,01	0,1	1
KCl	0,51		
NH_4Cl	0,51	0,51	0,52
$ZnCl_2$	0,39	0,35	0,31
H_2SO_4	rund 0,82		
KOH	rund 0,27		

Die Überführungszahl u_- für die Anionen ist $u_- = 1 - u_+$

Tabelle 49. Normalpotentiale in wäßriger Lösung bei 25°C (in Volt)

$Li^+ + e \rightleftharpoons Li$	-3,01	$Ni^{2+} + 2e \rightleftharpoons Ni$	-0,23
$Na^+ + e \rightleftharpoons Na$	-2,713	$Pb^{2+} + 2e \rightleftharpoons Pb$	-0,126
$Mg^{2+} + 2e \rightleftharpoons Mg$	-2,38	$1/2\ O_2 + H_2O + 2e \rightleftharpoons 2\ OH^-$	+0,401[a]
$Al^{3+} + 3e \rightleftharpoons Al$	-1,66	$Hg^{2+} + 2e \rightleftharpoons Hg$	+0,798
$Mn^{2+} + 2e \rightleftharpoons Mn$	-1,05	$Ag^+ + e \rightleftharpoons Ag$	+0,799
$Zn^{2+} + 2e \rightleftharpoons Zn$	-0,763	$Cl_2 + 2e \rightleftharpoons 2\ Cl^-$	+1,358
$Fe^{2+} + 2e \rightleftharpoons Fe$	-0,44	$F_2 + 2e \rightleftharpoons 2\ F^-$	+2,85
$Cd^{2+} + 2e \rightleftharpoons Cd$	-0,402		

[a] Sauerstoff wird im allgemeinen nicht reversibel, sondern unter gleichzeitiger Bildung von Hydroperoxid reduziert, wobei sich um rund 0,35 unedlere Potentiale einstellen

Tabelle 50. Halbzellenpotential gegen die Normalwasserstoff-Elektrode in wäßrigen Lösungen bei 25°C (in Volt)

pH-Wert = 0		*pH-Wert = 14*	
$Pb/PbSO_4$	-0,351	$Zn/Zn(OH)_2$	-1,24
$PbO_2/PbSO_4$	+1,685	$Fe/Fe(OH)_2$	-0,90
		$Cd/Cd(OH)_2$	-0,81
Lösung neutral		HgO/Hg	+0,098
$MnO_2/MnOOH$	etwa +0,7	$MnO_2/MnOOH$	etwa +0,2
		Ag_2O/Ag	+0,35
Aktivität der Chlorid-Ionen 1 mol/l, bei 20°C		$NiOOH/Ni(OH)_2$	+0,48
AgCl/Ag	+0,226	AgO/Ag_2O	+0,57
Hg_2Cl_2/Hg	+0,268		

Tabelle 51. Elektronen-Austrittsarbeit von Metallen in (eV)

Li	1,40 ± 0,03	Zn	3,66
Na	1,60	Ag	4,44
Mg	3,58	Cd	4,00
Mn	4,14	Hg	4,50
Fe	4,40	Pb	3,94
Ni	4,32		

Tabelle 52. Spezifischer elektrischer Widerstand ρ_o in µΩcm und Temperaturkoeffizient α in 1/°C für polykristalline Metalle bei 0°C.
$\rho(t) = \rho_o(1 + \alpha t(°C))$

	ρ_o	α		ρ_o	α
Li	8,5	$4,5 \cdot 10^{-3}$	Cu	1,55	$4,3 \cdot 10^{-3}$
Na	4,3	5,5	Zn	5,9	4,1
Mg	4,4	4,0	Ag	1,63	4,1
Al	2,5	4,5	Cd	7,7	2,2
Mn	rd. 100		Sb	40	4,9
Fe	10	6,1	Hg	94,07	0,99
Ni	11,8	6,4	Pb	19	4,2

Tabelle 53. Theoretische elektrochemische Äquivalente, bezogen auf die Masse der Ausgangssubstanz. In der letzten Spalte ist die Massivdichte angegeben

Elektrodenvorgang	Molekularmasse	Elektrochem. Äquivalent			Dichte
		g/Faraday	g/Ah	mg/As	g/cm^3
$H_2/2\,H^+$	2,0	1,0	0,0373	0,0104	$8,9 \cdot 10^{-5}$ [a]
Li/Li^+	6,94	6,94	0,259	0,0719	0,53
Na/Na^+	23,0	23,0	0,858	0,238	0,97
$Fe/Fe(OH)_2$	55,8	27,9	1,04	0,289	7,9
Zn/Zn^{2+} oder $Zn(OH)_2$	65,4	32,7	1,22	0,339	7,1
$Cd/Cd(OH)_2$	112,4	56,4	2,10	0,583	8,6
$Pb/PbSO_4$	207,2	103,6	3,86	1,072	11,3
$O_2/4\,OH^-$	32,0	8,0	0,298	0,0829	$1,43 \cdot 10^{-3}$ [a]
$2\,O_2/H_2O_2 + 2\,OH^-$	32,0	16,0	0,597	0,166	$1,43 \cdot 10^{-3}$ [a]
$MnO_2/MnOOH$	86,9	86,9	3,24	0,900	rd. 5[b]
$NiOOH/Ni(OH)_2$	91,7	91,7	3,42	0,950	rd. 4,5[b]
Ag_2O/Ag	231,8	231,8	8,65	2,40	7,1[b]
AgO/Ag_2O	123,9	123,9	4,62	1,29	7,4[b]
HgO/Hg	216,6	108,3	4,04	1,12	11,1[b]
$PbO_2/PbSO_4$	239,2	119,6	4,46	1,24	9,4[b]

[a] 760 Torr, 0°C

[b] Pyknometerdichte stöchiometrischer Ausgangsstoffe in der geläufigsten Modifikation

Tabelle 54. Wahre Oberfläche O in (m^2/g) von kugelförmigen Partikeln mit dem Durchmesser d und der Dichte ρ. $O = 6/(\rho d)$

Partikel-Durchmesser (µm)	Wahre Oberfläche O in (m^2/g)				
	ρ = 1	3	5	7	10 g/cm^3
0,1	60	20	12	8,6	6
1	6	2	1,2	0,86	0,6
10	0,6	0,2	0,12	0,086	0,06
100	0,06	0,02	0,012	0,0086	0,006
1000	0,006	0,002	0,0012	0,00086	0,0006

Tabelle 55. Dichte, Konzentration und elektrische Leitfähigkeit von verdünnter Schwefelsäure

Dichte bei 15°C g/cm^3	Konzentration H_2SO_4 Gew.-%	g/Liter	Mol/Liter	Leitfähigkeit bei 18°C $Ohm^{-1}cm^{-1}$
1,04	5,96	62	0,63	0,24
1,06	8,77	93	0,95	0,36
1,08	11,60	125	1,28	0,46
1,10	14,35	158	1,61	0,53
1,12	17,01	191	1,95	0,60
1,14	19,61	223	2,28	0,65
1,16	22,19	257	2,62	0,69
1,18	24,76	292	2,98	0,71
1,20	27,32	328	3,35	0,73
1,22	29,84	364	3,71	0,74
1,24	32,28	400	4,08	0,74
1,26	34,57	435	4,44	0,72
1,28	36,87	472	4,82	0,70
1,30	39,19	510	5,20	0,68

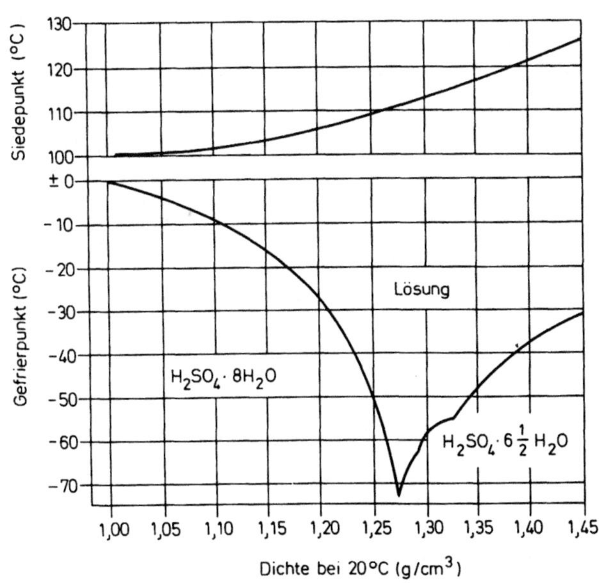

Abb. 64. Siedepunkts- und Gefrierpunktskurve von Schwefelsäure

Tabelle 56a. Mischungstabelle für verdünnte Schwefelsäure. Konzentration der Ausgangssäure rd. 25 - 50 Gew.-%

Chem. reine Schwefelsäure bei 20°		Gehalt an H_2SO_4 (Monohydrat)		a Liter Säure von 20° und der Dichte der 1. Spalte ergeben bei Mischung mit b Liter dest. Wasser von 20° 100 Liter der Dichte [g/cm³]									
				= 1,18		= 1,20		= 1,24		= 1,26		= 1,285	
Dichte g/cm³	Grad Baumé	Gew.-%	kg in 100 l	a	b	a	b	a	b	a	b	a	b
1,15	18,8	21,38	24,58	nur durch Zusatz konzentrierter Säure oder durch Eindampfen möglich									
1,16	19,8	22,67	26,29										
1,17	20,9	23,95	28,02										
1,18	22,0	25,21	29,75	100	0								
1,19	23,0	26,47	31,50	94,5	5,7								
1,20	24,0	27,72	33,26	89,5	10,7	100	0						
1,21	25,0	28,95	35,03	84,9	15,3	95,0	5,1						
1,22	26,0	30,18	36,82	80,8	19,5	90,3	9,8						
1,23	26,9	31,40	38,62	77,0	23,3	86,1	14,1						
1,24	27,9	32,61	40,44	73,6	26,8	82,3	18,0	100	0				
1,25	28,8	33,82	42,27	70,4	30,1	78,7	21,7	95,7	4,4				
1,26	29,7	35,01	44,12	67,4	33,1	75,4	25,1	91,7	8,5	100	0		
1,27	30,6	36,19	45,96	64,7	35,9	72,4	28,1	88,0	12,3	96,0	4,1		
1,28	31,5	37,37	47,83	62,2	38,5	69,5	31,1	84,6	15,8	92,2	7,9		
1,285	32,0	37,95	48,77	61,0	39,7	68,2	32,4	82,9	17,5	90,5	9,8	100	0
1,29	32,4	38,53	49,70	59,9	40,9	66,9	33,7	81,4	19,1	88,8	11,5	98,1	1,9
1,30	33,3	39,68	51,58	57,7	43,1	64,5	36,3	78,4	22,1	85,5	14,8	94,6	5,6
1,31	34,2	40,82	53,47	55,6	45,2	62,2	38,6	75,6	25,0	82,5	17,9	91,2	9,0
1,32	35,0	41,96	55,38	53,7	47,2	60,1	40,8	73,0	27,7	79,7	20,9	88,1	12,3
1,33	35,8	43,07	57,28	51,9	49,0	58,1	42,9	70,6	30,2	77,0	23,6	85,1	15,3
1,34	36,6	44,17	59,19	50,3	50,7	56,2	44,8	68,3	32,5	74,5	26,2	82,4	18,1
1,35	37,4	45,26	61,10	48,7	52,4	54,4	46,6	66,2	34,7	72,2	28,6	79,8	20,8
1,36	38,2	46,33	63,01	47,2	53,9	52,8	48,3	64,2	36,8	70,0	30,8	77,4	23,3
1,37	39,0	47,39	64,93	45,8	55,3	51,2	49,9	62,3	38,8	68,0	33,0	75,1	25,7
1,38	39,7	48,45	66,86	44,5	56,7	49,8	51,4	60,5	40,6	66,0	35,0	72,9	27,9
1,39	40,5	49,48	68,78	43,3	58,0	48,4	52,9	58,8	42,4	64,1	36,9	70,9	30,0
1,40	41,2	50,50	70,70	42,1	59,2	47,1	54,2	57,2	44,0	62,4	38,7	69,0	32,0

Tabelle 56b. Mischungstabelle für verdünnte Schwefelsäure. Konzentration der Ausgangssäure 80 - 99 Gew.-%

Chem. reine Schwefelsäure bei 20°		Gehalt an H_2SO_4 (Monohydrat)		a Liter Säure von 20° und der Dichte der 1. Spalte ergeben bei Mischung mit b Liter dest. Wasser von 20° 100 Liter der Dichte [g/cm³]									
				= 1,18		= 1,20		= 1,24		= 1,26		= 1,285	
Dichte g/cm³	Grad Baumé	Gew.-%	kg in 100 l	a	b	a	b	a	b	a	b	a	b
1,71	60,0	78,49	134,23	22,2	80,2	24,8	77,8	30,1	72,6	32,9	69,9	36,3	66,5
1,814	65,0	90	163,30	18,2	85,1	20,4	83,2	24,8	79,3	27,0	77,1	29,9	74,5
1,820	65,2	91	165,57	18,0	85,5	20,1	83,6	24,4	79,7	26,7	77,6	29,5	75,0
1,824	65,4	92	167,81	17,7	85,8	19,8	84,0	24,1	80,2	26,3	78,2	29,1	75,6
1,828	65,6	93	170,00	17,5	86,2	19,6	84,4	23,8	80,7	26,0	78,7	28,7	76,2
1,831	65,7	94	172,13	17,3	86,5	19,3	84,8	23,5	81,1	25,6	79,2	28,3	76,8
1,834	65,9	95	174,20	17,1	86,8	19,1	85,1	23,2	81,6	25,3	79,7	28,0	77,3
1,836	65,9	96	176,21	16,9	87,2	18,9	85,5	23,0	82,0	25,0	80,2	27,7	77,8
1,836	65,9	97	178,13	16,7	87,5	18,7	85,9	22,7	82,5	24,8	80,7	27,4	78,4
1,836	65,9	98	179,94	16,5	87,8	18,5	86,2	22,5	82,9	24,5	81,1	27,1	78,9
1,834	65,9	99	181,59	16,4	88,1	18,3	86,6	22,3	83,3	24,3	81,6	26,9	79,4

Tabelle 57. Dichte, Konzentration und elektrische Leitfähigkeit von verdünnter Kalilauge

Dichte bei 15°C g/cm³	Konzentration KOH Gew.-%	g/Liter	Mol/Liter	Leitfähigkeit bei 20°C $Ohm^{-1}cm^{-1}$
1,10	10,86	119,5	2,13	0,36
1,12	12,97	145,3	2,59	0,41
1,14	15,07	171,8	3,07	0,44
1,16	17,10	198,4	3,54	0,48
1,17	18,12	212,0	3,79	0,49
1,18	19,14	225,9	4,03	0,51
1,20	21,16	253,9	4,53	0,53
1,22	23,16	282,5	5,06	0,55
1,24	25,13	311,6	5,56	0,56

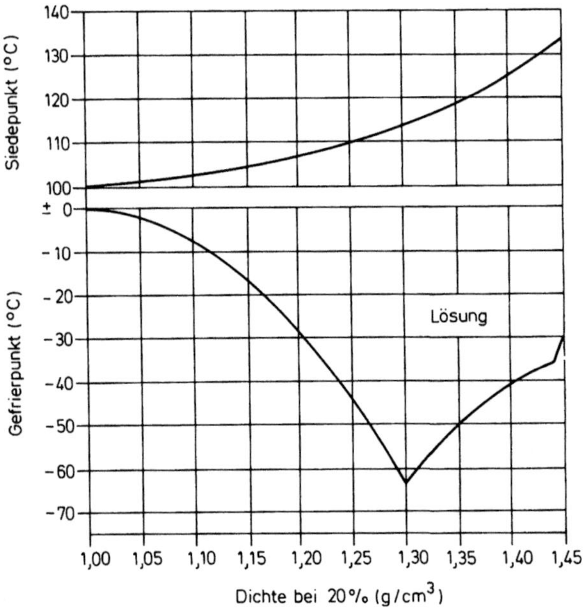

Abb. 65. Siedepunkts- und Gefrierpunktskurve von Kalilauge

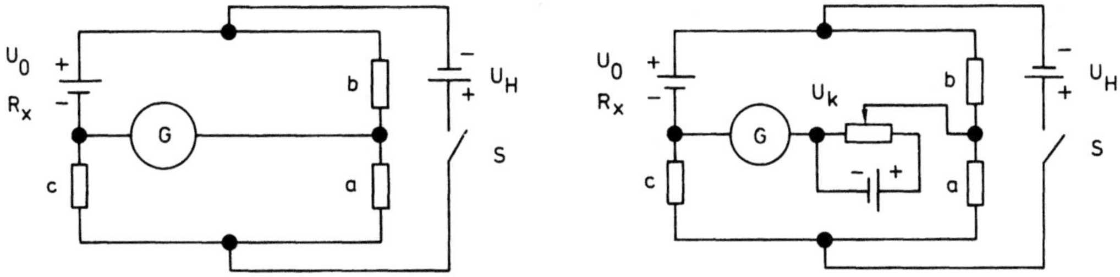

Abb. 66. Mance-Brücke zum Messen des Innenwiderstandes R_x eines galvanischen Elementes. Die Hilfsspannung U_H kann auch $U_H = O$ sein. Ihr Innenwiderstand muß vernachlässigbar sein. Das Galvanometer G zeigt einen Dauerausschlag. Bleibt er beim Öffnen und Schließen von S gleich, so gilt $R_x : b = c : d$. Durch eine einstellbare Kompensationsspannung U_K kann man den Dauerausschlag kompensieren: Brücke nach Mance-Holler. Dann gilt zusätzlich $U_o : (R_x + c) = U_K : c$. Macht man $b = d$ und damit $R_x = c$, so wird $U_o = 2\ U_K$

10 Literatur

Die im Text zitierten Arbeiten sind nur ein kleiner Teil der gesamten, sehr umfangreichen Literatur im Bereich von Akkumulatoren, Primärbatterien und Brennstoffzellen. Die Auswahl enthält aber alles Wesentliche.

1 Euler K-J (1974) Entwicklung der elektrochemischen Brennstoffzellen. Verlag Karl Thiemig, München

2 Euler K-J (1980) Sinsteden - Planté - Tudor. Zur Geschichte des Bleiakkumulators. Druckschrift des VDE-Ausschusses Geschichte der Elektrotechnik, Frankfurt/M

3 Huber R (1972) Trockenbatterien und Luftsauerstoff-Elemente, 3. Aufl. Hrsg. von der Varta AG, Hannover

4 Kinzelbach R (1974) Stahlakkumulatoren, 2. Aufl. VDI-Verlag, Düsseldorf

5 Euler K-J, Scharmann A (1978) Akkumulatoren, Primärzellen und Energiedirektumwandlung. In: Hütte (Hrsg) Elektrische Energietechnik, 29. Aufl, Bd 2. Springer, Berlin Heidelberg New York, S 290-360

6 DIN 40853 (Sept 1967) Galvanische Primärelemente und Batterien, Übersicht und Begriffe

7 Kordesch KV (1974) Batteries, vol 1. Marcel Dekker, New York

8 Froehlich M (1969) Das Normalelement. PTB-Mitt 79:426

9 Witte E (1967) Blei- und Stahlakkumulatoren, 3. Aufl. Otto-Krausskopf-Verlag, Mainz

10 DIN 40729 (Okt 1967) Galvanische Elemente, galvanische Sekundärzellen und -batterien (Akkumulatoren), Übersicht, Begriffe

11 Falk SU, Salkind AJ (1969) Alkaline storage batteries. John Wiley, New York

12 VDE 0510 (8.1970) Bestimmungen für Akkumulatoren und Akkumulatoren-Anlagen

13 Fleischer A, Lander JJ (eds) (1971) Zinc-silver oxide batteries. John Wiley, New York

14 Garten W (1974) Bleiakkumulatoren, 10. Aufl. Varta Batterie AG, Hannover (Hrsg)

15 Bode H (1977) Lead-acid batteries. John Wiley, New York

16 Raudszus W, Kiehne HA (Redaktion) (1978) Gasdichte Nickel-Cadmium-Akkumulatoren. VDI-Verlag, Düsseldorf

17 Jasinski R (1967) High-energy batteries. Plenum Press, New York

18 Linden D, Wilburn N, Brooks E (1973) Organic electrolyte batteries. In: Collins DH (ed) Power sources 4. Oriel Press, Newcastle, p 483-491

19 Lehmann G, Rassinoux T, Gerbier G, Gabano JP (1973) The silver chromate/lithium cell. In: Collins DH (ed) Power sources 4. Oriel Press, Newcastle, p 493-501

20 Euler K-J (1972) Der heutige Stand der Festelektrolyte. Verfahrenstechnik 11:755

21 Minami T, Katsuda T, Tanaka M (1980) Glass electrolyte galvanic cells. J Electrochem Soc 127:1308

22 Bro P, Holmes R, Marincic N, Taylor H (1975) The discharge characteristics of the Li/SO_2 battery system. In: Collins DH (ed) Power sources 5. Academic Press, London, p 703

23 Adams DS (1973) A zinc/air battery for electric vehicle applications. In: Collins DH (ed) Power sources 4. Oriel Press, Newcastle, p 247-360

24 Kober FP, Charkey A (1971) Nickel/zinc, a practical high-energy secondary battery. In: Collins DH (ed) Power sources 3. Oriel Press, Newcastle, p 309

25 Fischer W (1976) Wirtschaftlichkeit von elektrochemischen Speichern im Vergleich zu herkömmlichen Spitzenstromerzeugern. ETZ A97:357

26 Beck F (1974) Lösungsakkumulatoren. Chem Ing Techn 46:127

27 Euler K-J (1971) Zum Begriff des Wirkungsgrades in der Batterietechnik. Metalloberfl Angew Elektrochemie 25:163

28 Justi EW, Winsel AW (1962) Kalte Verbrennung - Fuel Cells. Franz Steiner Verlag, Wiesbaden

29 Vielstich W (1965) Brennstoffelemente. Verlag Chemie, Weinheim

30 Döhren HH v, Euler K-J (1971) Brennstoffelemente, 6. Aufl. VDI-Verlag, Düsseldorf

31 Euler K-J (1972) Energie-Direktumwandlung heute, Teil 3. VDI-Z 114:949

32 Kordesch KV (1973) Elektrochemische Energieumwandlung. Ber Bunsenges 77:751

33 Den Herren Dr. J. Brinkmann, Prof. G. Loocke u. Prof. A. Winsel danke ich für freundliche Informationen

34 Der neue Brockhaus (1965) 3. Aufl, Bd 5. F.A. Brockhaus, Wiesbaden, S 543

35 Lexikon der Physik (1969) 3. Aufl, Bd 3. Franke H (Hrsg). Franckh'sche Verlagsbuchhandl., Stuttgart, S 1911

36 Grassmann P (1950). Chem Ing Techn 22:77

37 Drotschmann C (1945) Trockenbatterien, 3. Aufl. Akadem. Verl.-Ges., Leipzig, S 297

38 Vetter KJ (1962) Zur Thermodynamik der Batterie-Elektroden. Ber Bunsenges 66:577

39 Bode H, Schmier A, Berndt D (1962) Zur Phasenanalyse von Mangandioxid. Ber Bunsenges 66:586

40 Bode H, Schmier A (1964) Zur Phasenanalyse von Mangandioxid II. Ber Bunsenges 68:954

41 Häusler E: freundliche Mitteilung. Vgl. Prospekt SZ-WP 5004/76-2391 Ha der Firma Silberkraft, Duisburg

42 wie [41], Prospekt WP-SK Li 3010/80-Ha 0101

43 Eberts K, Tuphorn H: freundliche Mitteilung. Vgl. Prospekt W 1101/5/8100/Hell der Firma Sonnenschein, Büdingen

44 Kruger FJ (1980) Aktuelles zum Thema Lithium-Primärbatterien. Varta-Spezial-Rep. Nr. 1, S 909

45 Auborn JJ, Marincic N (1975) Inorganic electrolyte lithium cells. In: Collins DH (ed) Power sources 5. Academic Press, London, p 683

46 Gabano JP, Gerbier G, Laurent JP (1970). Chem Ing Techn 42:210

47 Greatbatch W (1975) The statistical reliability of lithium/iodine batteries. In: Schaldach M, Furman S (eds) Adv Pacemaker Technology. Springer, Berlin Heidelberg New York, p 345

48 Euler K-J (1975) Electrochemical and radioactive power sources for cardiac pacemakers. In: Schaldach M, Furman S (eds) Adv Pacemaker Technology. Springer, Berlin Heidelberg New York, p 329

49 Maier-Kelkheim E (1980) Wechselstromeinfluß auf Akkumulatoren. Varta-Spezial-Rep. Nr. 4, S 961

50 Katalog TIM-3-0380-15010-2 der Firma SAFT-Leclanché, Poitiers

51 Rickert H (1973) General aspects of solid electrolytes. In: Van Gool W (ed) Fast ion transport in solids. North Holland Publ Amsterdam London, p 3

52 Gutbier HB (1979) Aufbau und Wirkungsweise von Brennstoffzellen. Techn Rundschau 71:9,13

53 Strasser K (1980) Kompakte Brennstoffzellenaggregate hoher Leistungsdichte in Modultechnik. ETZ 101:1218. J Electrochem Soc 127:2172

54 Broeck H Van den (1979) Fuel cells for transportation. Internat. Assembly on Energy Storage, Dubrovnik Yugoslavia

55 Euler K-J (1970) New research methods applied to primary and secondary batteries. Naturwissenschaften 57:414

56 Huber R (1960) Die Abhängigkeit der Ah-Kapazität von Trockenbatterien von der Zellenbelastung und Zellengeometrie. Electrochim Acta 2:258

57 Stein W (1959) Die physikalischen Vorgänge in den Poren von Masseplatten eines Bleisammlers. Dissert. TH Aachen

58 Euler K-J (1965) Stromverteilung in und auf porösen Elektroden Chem Ing Techn 37:626

59 Metzendorf H (1981) Elektronenleitfähigkeit der aktiven Massen im Bleiakkumulator. Dissert. GH Kassel

60 Ludwig R (1965) Die Berechnung der optimalen Bleiseele für Panzerplatten in Bleiakkumulatoren. ETZ A86:431

61 Voss E, Huster G (1966) Zuverlässigkeit von Bleiakkumulatoren. Chem Ing Techn 38:623

62 Euler K-J, Euler U, Seim B (198[illegible]) Nonlinear simulation of current distribution and potential profile in porous manganese dioxide electrodes during discharge. Power Sources 6:25

63 Euler K-J (1969) Anomale Verteilung der Stromkonversion im Inneren von elektrochemischen Zweiphasen-Elektroden. Naturwissenschaften 56:326

64 Euler K-J (1973) Spatial current distribution in non-isotropic conductors. Electrochim Acta 18:385

65 Euler K-J, Kilian HJ (1980) Dielectric constant of pressed powder materials. Materials Chem 5:397

66 Bode H, Euler J, Rieder E, Schmitt H (1966) Autoradiographie auf Platten von Bleiakkumulatoren I bis III. Electrochim Acta 11:1211,1221,1231

67 Handtmann D, Reuter K (1967) Der Strukturparameter der Sauerstoffplätze in β-PbO_2. Bosch Techn Ber 2:3

68 Sturm F v (1978) Brennstoffzellen, Stand und Entwicklungstendenzen. ETZ A99:615

69 Euler K-J (im Druck) Einfluß von Einschaltvorgängen auf die Stromverteilung. Z Physikal Chem, Dresden

70 Barnard R, Randall CF, Tye FL (1980/81) Studies concerning charged nickel hydroxide electrodes. J Appl Electrochem 10: 109, 127, 11:517

71 Euler K-J (1978) Aktuelle Batterieforschung. ETZ A99:535

72 Euler K-J, Dehmelt K (1957) Über den mit reinem Wechselstrom gemessenen Innenwiderstand. Z Elektrochem 61:1200

73 Euler K-J, Nonnenmacher W (1960) Stromverteilung in porösen Elektroden. Electrochim Acta 2:268

74 Winsel A (1962) Stromverteilung in porösen Glaselektroden. Z Elektrochem 66:287

Namenverzeichnis

Sachverzeichnis

E. Fitzer, W. Fritz

Technische Chemie

Eine Einführung in die Chemische Reaktionstechnik

Hochschultext
2., unveränderte Auflage. 1982. 150 Abbildungen, 36 Tabellen, 31 Rechenbeispiele. XV, 552 Seiten
DM 49,80. ISBN 3-540-10988-9

Das Lehrbuch *Technische Chemie – Eine Einführung in die Chemische Reaktionstechnik* wurde 1975 erstmals im Springer-Verlag publiziert und fand an den deutschen Hochschulen, in der Industrie und bei den im Beruf stehenden Fachleuten eine so gute Resonanz, daß jetzt ein Neudruck notwendig geworden ist. Dieses Werk ist eine grundlegende Einführung in das Gebiet der Technischen Chemie und darüberhinaus eine erste moderne Selbstdarstellung dieser Fachrichtung. Es gibt zunächst einen Überblick über die wirtschaftlichen Grundlagen der chemischen Produktion sowie über das Produktspektrum der chemischen Industrie und umreißt dann die Aufgaben der Chemischen Reaktionstechnik. Nach einer Einführung in die physikalisch-chemischen Grundlagen werden die Methoden zur Berechnung chemischer Reaktoren für homogene, heterogene und Polymerreaktionen behandelt.

Das Lehrbuch ist aus den an der Universität Karlsruhe gehaltenen Vorlesungen für Chemiker, Verfahrens- und Wirtschaftsingenieure entstanden. Es soll die Studenten dieser verschiedenen Studienrichtungen zusammenführen und ihnen nicht nur das notwendige Grundwissen, sondern auch gemeinsame Denkweise und Fachsprache vermitteln, um sie auf ihre Berufsarbeit vorzubereiten. Darüberhinaus wendet es sich aber auch an bereits im Berufsleben stehende Fachleute sowie an Naturwissenschaftler, die während ihrer Ausbildung nicht die Möglichkeit hatten, Vorlesungen über Technische Chemie zu besuchen. Die Autoren planen, dem Werk einen weiterführenden zweiten Band mit dem Titel „Grundoperationen in der Chemischen Technik“ folgen zu lassen.

Springer-Verlag
Berlin
Heidelberg
New York

Eine Hilfe für Studierende und Praktiker

Chemisch-Technisches Lexikon

Herausgeber: **D. Osteroth**
Mit Beiträgen von zahlreichen Fachwissenschaftlern

1979. 420 Abbildungen, 74 Tabellen. IX, 305 Seiten
Gebunden DM 148,–. ISBN 3-540-08891-1

Dieses Werk bietet lexikalisch geordnet Informationen über Verfahren, Geräte, Stoffe, Produkte und Hilfsmittel der chemischen Technik und der chemischen Industrie. Als ein Auskunftsbuch ergänzt es damit die Vielzahl spezieller Lehrbücher, Monographien und vielbändigen Nachschlagewerke dieser Gebiete. Herausgeber und Autoren haben etwa 1200 präzise Stichworte formuliert und die erläuternden Texte knapp, doch verständlich gehalten. Damit wird nicht nur dem Fachmann, sondern auch Chemiekaufleuten, Studenten und Behörden ein Werk in die Hand gegeben, das ihnen bei ihrer Alltagsarbeit zuverlässige Auskunft gibt. Im Interesse weitgehender und anschaulicher Informationsvermittlung wurden 420 Abbildungen in den Text eingeschlossen. Zahlreiche Querverweise erschliessen größere Zusammenhänge, insbesondere Substanzen und Verfahren.

Ein nach Anlage, Darstellung und Umfang vergleichbares Werk hat es im deutschen Sprachraum bisher nicht gegeben. Es entstand unter Mitarbeit 38 führender Fachleute von Industrie und Hochschulen aus der Bundesrepublik, Österreich und der Schweiz.

„...Chemiekaufleute, Mitarbeiter bei Behörden, Lehrkräfte, Auszubildende und Absolventen von Fachhochschulen werden jedoch kaum auf dieses insgesamt gut gelungene Nachschlagewerk verzichten wollen."
VDC–Nachrichten

Springer-Verlag
Berlin
Heidelberg
New York

Batch number: 10683525

Printed by Printforce, the Netherlands